U0350419

图书在版编目（CIP）数据

作物起源 / 陈桂权主编；唐靖，芦苇著 . 于洪燕绘 —北京：北京联合出版公司，2023.5

ISBN 978-7-5596-6700-7

Ⅰ. ①作… Ⅱ. ①陈… ②唐… ③芦… ④于… Ⅲ. ①作物 - 少儿读物 Ⅳ. ① S5-49

中国国家版本馆 CIP 数据核字（2023）第 030141 号

审图号：GS 京（2022）1225 号

ZUO WU QI YUAN

作物起源

陈桂权——主编
唐靖 芦苇——著 于洪燕——绘

出 品 人：赵红仕

选题策划：禹田文化
执行策划：韩青宁 唐 靖
责任编辑：牛炜征
项目编辑：韩青宁 王 忺 徐馨如
装帧设计：王 锦

北京联合出版公司出版
（北京市西城区德外大街 83 号楼 9 层 100088）
北京顶佳世纪印刷有限公司印刷 新华书店经销
字数 128 千字 787mm × 1092mm 8 开 16 印张
2023 年 5 月第 1 版 2023 年 5 月第 1 次印刷
ISBN 978-7-5596-6700-7
定价：138.00 元

退换声明：若有印刷质量问题，请及时和销售部门（010-88356856）联系退换。
内页用纸：UPM丽印®纯质纸120克

一部作物史，也是一部人类文明的进化史

作物起源

陈桂权——主编
唐靖　芦苇——著　于洪燕——绘

北京联合出版公司
Beijing United Publishing Co.,Ltd.

前 言

一粥一饭来处不易

生活在都市里的人们，由于远离农村和农业，所以有不少人不知道我们每天赖以生存的粮食是从哪里来的，甚至在日常生活中连水稻和小麦也分不清楚。这种现象的确令人担心，不过这种担心也不是始于今日。

相传周朝的开国国王周武王过世之后，周成王继位，由于年纪还小，因此是由叔叔周公旦暂时代为管理朝政。周公旦是一位出色的政治家，他一方面要辅佐周成王治国理政，另一方面又要负担起教育成王的责任。他曾经写了一篇文章，题目叫《无逸》，意思是“不要贪玩”。他劝诫成王要“先知稼穑之艰难”，要重视农业，要对农业生产的各种不易多一些了解。

重视农业正是周朝人的传统。周朝姬氏的祖先后稷还是小孩的时候，就喜欢种各种作物。长大成人后，被尧舜任命为主管农业的官员。周朝就是在发展农业生产的基础上建立起来的。而甲骨文中的“[illegible]”（周）字就像在一块田地里密植上庄稼的样子。历代王朝奉行的象征国家重视农业的耤田大礼，就是由周朝开创。周朝历时近 800 年，是中国历史上最长的一个朝代，可能与重视农业不无关系。在一个重视农业的国家里，辨识作物也就成为每个人的基本素养。

春秋时期，大豆、小麦已是中原地区司空见惯的作物，尽管如此，还是有人分不清什么是大豆、什么是小麦，这在当时被视为“无慧”（白痴）的表现，有人就因为不能辨识大豆和小麦，而没有得到重用。即便是聪明如孔子这样的圣人，也会遭到“四体不勤，五谷不分”的嘲讽。

“五谷”是中国最早一批作物的代名词。作物就是农业上栽培的各种植物。确切地说，“五谷”指的是几种主要的粮食作物。

有人说：主粮作物的种类往往决定耕种这种作物民族的命运。西方有句格言：We are what we eat（可理解为“一方水土养一方人”）。古人说：“农为政本，食乃民天”。粮食实在是太重要了，以至于我们每天见面都首先要问候一声：“吃了吗，您呐?”

法国昆虫学家法布尔（1823—1915）在其1879年问世的名著《昆虫记》中写道：“历史赞美把人们引向死亡的战场，却不屑于讲述使人们赖以生存的农田；历史清楚知道皇帝私生子的名字，却不能告诉我们麦子是从哪里来的。这就是人类的愚蠢之处！”

了解作物的由来，可以帮助我们更好地了解祖先的历史。了解作物的历史也可以更多地了解我们自己。

“一物不知，儒者之耻；遇事能名，可为大夫。”做一个有智慧的人，我们需要更多的一些常识，需要对作物和作物的起源有更多的一些了解。这也是一个拥有良好教养的现代人所必须具备的基本素养。

最后，感谢编者们的良苦用心。本书选取60种常见的作物，以图文并茂的方式，讲述它们的起源和传播，以及作物背后的自然与人的故事。本书不仅可以让小读者增长知识、了解历史，还可以让他们懂得一粥一饭来处不易、半丝半缕物力维艰的道理，从而使他们热爱生活、敬畏自然、尊重劳动，是诚仁者之用心，特此推荐。

曾雄生

中国科学院自然科学史研究所研究员、博士生导师

2023年2月11日

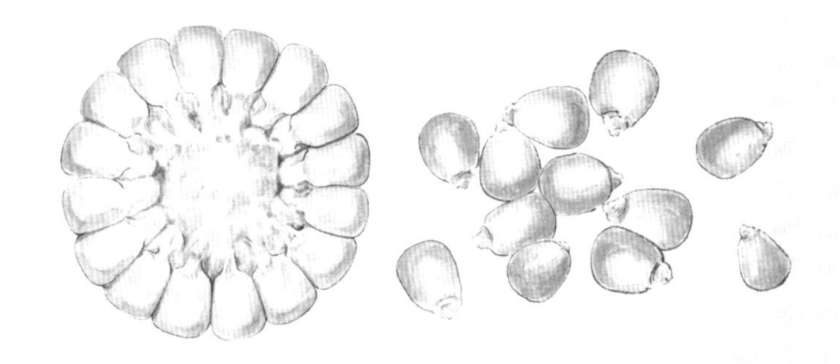

目 录

欢迎
踏上作物之旅

作物知多少

什么是作物

“作物”是“农作物”的简称，俗称“庄稼”。在中国古代，作物通常被称为“谷”，所以有“五谷”“六谷”“九谷”，甚至“百谷”的说法。随着社会的发展，“谷”的含义也在不断丰富，由稻、黍、稷、麦、菽这些粮食作物，逐渐扩大到瓜果、蔬菜、麻类，乃至所有栽培植物。

作物的分类方法有许多种，通常可以分为粮食作物、蔬菜作物、经济作物、水果作物、饲料作物、药用作物等。在本书中，我们精选了60种日常生活中最重要、最常见的作物，并将其大致分为粮食作物、蔬菜作物、水果作物、经济作物，由此来讲述它们的起源和发展，呈现奇妙的传播之旅。

作物的起源

就像每个人都有自己的故乡，作物也有它的故乡，可以称之为起源地。有的作物是“单源”，即起源于一个地方，只有一个故乡，比如大豆、猕猴桃、杨梅起源于中国，土豆、番茄起源于南美洲的安第斯山脉；有的作物是“多源”，即起源于多个地方，有多个故乡，比如葡萄的起源地有亚洲、欧洲和非洲。但作物的起源地并非是一成不变的，而是会随着科学研究的不断发现而改变，本书中的起源地以目前的研究成果为依据。

放眼全球，农业主要有三处起源中心。一处在中国，大约在1万年前，生活在中国北方的先民们成功地驯化了野生谷和黍，而生活在南方长江中下游地区的先民们则成功地驯化了野生水稻；一处在西亚、北非地区，也是在大约1万年前，那里的人们把野生小麦驯化为人工栽培小麦；一处在美洲大陆，从北美洲的墨西哥延伸至南美洲的安第斯山区，在约7000年前，那里的人们将一些野生植物驯化为如今广泛栽培的玉米、红薯、土豆等。

从起源中心出发，作物“八仙过海，各显神通”，踏上了传播之旅。除了水力、风力等自然传播因素，作物们还借着不同地区之间的商贸往来、战争、人口迁移等，加速了在全球传播的脚步，推进了人类文明的发展。

作物与人类

在作物的起源和传播之旅中，有许多有趣的故事值得讲述。在讲述这些故事前，我们先来想一个问题：究竟是人类驯化了作物，还是作物驯化了人类？

人类将野生植物变成栽培作物，但作物又将人类“困在”大地上。所以关于这个问题，人类与作物之间可以看成是相辅相成、互相驯化的关系。比如，古代中国人驯化了水稻，水稻极大地推动了中国的农耕文明；印第安人驯化了玉米，而玉米成了玛雅文明的基础，所以玛雅文明也被称为“玉米文明”。

当人类将作物为自己所用时，作物也借由人类的力量不断繁盛，人类与作物携手合作，从而创造出蓝色星球上的灿烂文明。作物一路跋山涉水，穿越漫长时空，经过人类一代代的驯化，才变成我们餐桌上的寻常食物。它们是大自然的恩赐，人类只有善待作物，才会被其善待。“一粥一饭，当思来处不易”，希望我们每个人，都能尊重食物，珍惜食物。

现在，让我们踏上这场作物之旅吧！

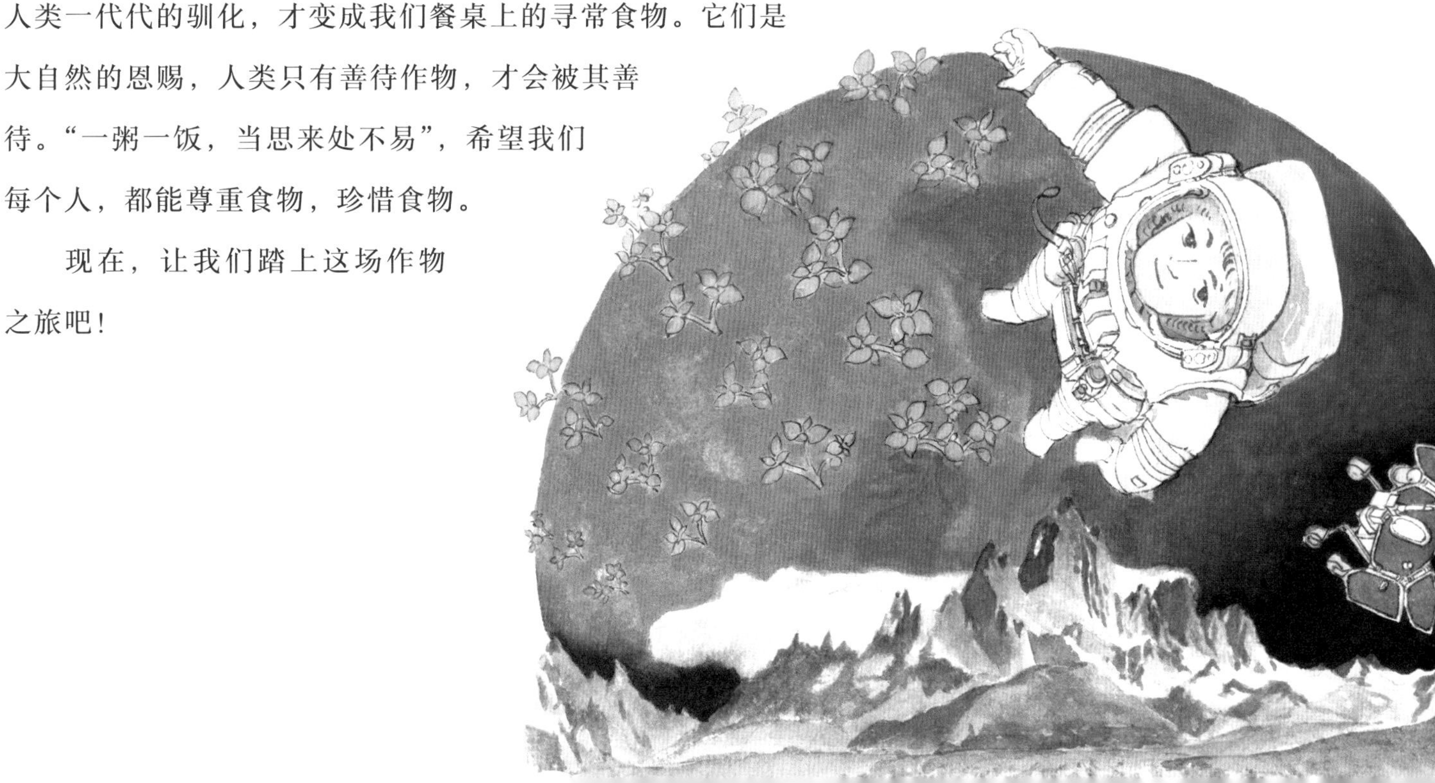

粮食作物

粮食作物为人类提供了生存所必需的碳水化合物、膳食纤维、维生素等，是人类最重要的作物种类。古语说的“民以食为天”的“食”，便是我们日常说的“主食”，也多指粮食作物。可以说，没有粮食作物“养活”人类，就不会有今天辉煌灿烂的人类文明。

起源于中国的水稻，现已扎根全球 113 个国家，养活了 60% 以上的人口。

由小麦变身的馒头、面条、面包……满足了男女老少众多不同的主食偏好。

高产且生命力顽强的玉米，甚至还可能成为解决“石油饥荒”的新能源。

还有，酿酒的高粱、怎么做都好吃的土豆、作为饥荒“救星”的红薯……这些粮食作物都是大自然给予我们的宝贵礼物。

这些我们不可或缺的粮食作物起源于哪里？在它们翻山越岭、漂洋过海来到我们餐桌上的过程中，又发生了哪些有趣的故事？接下来，让我们一起走进神奇的粮食世界，去看看它们不同寻常的进化历程吧！

水稻

Rice

别　名：稻子

类　别：禾本科稻属

起源地：东亚（中国）、西非

盛产地：中国、印度等

水稻

与人类共同书写全球文明

水稻，是人类最主要的食物之一，至今仍是全球60%以上的人口的主粮。这种无比重要的栽培作物，在数千年的时光里，从故乡出发，翻山越岭，漂洋过海，如今已在世界各地的113个国家扎根，与不同地域的人们一起成就令人惊叹的文明。

5000多年前，良渚人正在种植水稻。

早在1万多年以前，人类就开始食用采集来的野生稻米了。

2

公元前4000—前3000年间，水稻从中国的长江中下游地区传入东南亚。如今，水稻已成为东南亚的主要农作物。

3

由于印度的恒河中下游地区非常适宜种植水稻，使得水稻传入印度后很快就发展起来了。因此，曾经有一段时间，人们还以为水稻是起源于印度的。

4

公元前300多年，来到印度的探险家们把水稻带入希腊及周边地中海地区。水稻随后从希腊和西西里岛传遍欧洲南部及北非一带。

5

哥伦布发现美洲新大陆后，水稻随欧洲殖民者传入美洲。

1

水稻在世界上有两个重要起源地，一个在中国，一个在非洲西部。在中国，稻作农业发源于南方的长江中下游地区。

湖南玉蟾岩遗址出土了距今1万多年前的栽培稻遗存，证明了中华民族是世界上最早种植水稻的民族。

考古工作者在浙江余姚河姆渡遗址发现了距今约6700—6900年的栽培稻遗存，包括大量稻谷、谷壳、稻秆、稻叶等。

9

20世纪70年代以来，以“杂交水稻之父”袁隆平为首的中国科学家率先成功研究出了杂交水稻，极大地提高了水稻的产量。如今，人类培育的栽培稻种类已经超过14万种，养育着全世界60%以上的人口。

8

在与水稻携手共进，改写人类文明的历程中，人们一直在不断地提升水稻的品质与产量，尤其以杂交水稻的成功培育为标志。

6

2000多年前，生活在长江中下游的吴越人，为了逃避战乱，他们渡海前往日本，把水稻种植技术也带了过去。日本开始种植水稻。

7

宋代，中国的水稻旱地育秧技术传入了高丽（今朝鲜半岛）。

小麦

最受欢迎的主粮作物

小麦
Wheat
别　名：麦子
类　别：禾本科小麦属
起源地：西亚
盛产地：中国、印度、俄罗斯、美国等

包子、馒头、面条、面包、蛋糕……这些日常生活中常见的食物，都需要用到面粉。面粉是从哪里来的呢？答案就是小麦，一种栽培历史长达万年的植物。麦穗里的每颗麦粒都是一个“营养存储器”，里面藏着淀粉、蛋白质、矿物质和维生素。

1

一般认为，小麦起源于西亚地区的“新月沃地”，这片土地位于底格里斯河与幼发拉底河流域，十分富饶。古人们采集到了野生小麦，经过长期驯化才有了栽培小麦。当人们把野生小麦变成栽培小麦后，这种作物便跟随人类的脚步，开始了从故乡迈向全世界的旅程。

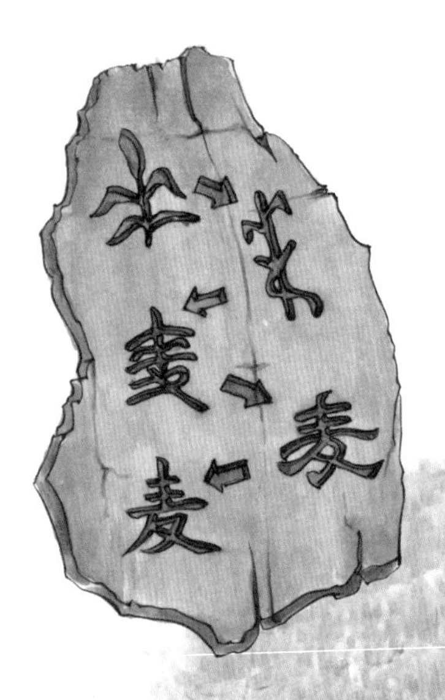

2

小麦大约在距今 4000 年至 4500 年前传入中国。3000 年前的商朝人在创造甲骨文时，就给小麦造了一个象形文字——“来”，看上去就像一株带根系的成熟小麦。

3

其实，小麦这种适应于地中海气候的谷物不太适合中国北方的气候，春天的干旱对小麦来说尤其难熬。直到汉代以后，随着水利工程的不断修建，小麦产量不断增高，汉代人口也因此增多，国力逐渐强盛。

4

小麦在中华文明中真正站住脚，得归功于把麦粒磨成面粉的“粉食法”。战国以来，用于磨面的工具转磨开始应用，它能够把麦粒加工成精细的面粉，不仅改变了整粒儿吃小麦的粗糙口感，还由此发展出了多种吃法。

5

古代西方人很早就掌握了面食的做法。早在 6000 年前，古埃及人就发明了面包。在古埃及法老拉美西斯三世的陵墓上，有一幅石刻画描绘了皇家烘培师用小麦制作美食的场景。考古学家们还在陵墓里发现了用来供奉的古老面包。

6

在欧洲航海家探索海洋的旅程中，他们怀揣着抵达传说中黄金遍地的西印度群岛的希望，将一袋袋小麦装进货舱，在海洋中乘风破浪。他们经常每登陆一座岛屿，就会种下小麦，作为日后再来时的粮食补给。

7

1857 年，法国艺术家米勒绘制了一幅以收获小麦为主题的画——《拾穗者》。画面中，3 名戴着头巾的女性弯着腰，用灵巧的手指将富人收割后掉落的金色麦穗捡起来。

8

如今，小麦是人类最重要的粮食作物之一，无论是播种面积还是产量，都排在前列。它就像一个旅行家，借由人们的创意，变得缤纷多样，俘获了全球无数人的胃。

大麦
Barley

别　　名：牟麦、饭麦、赤膊麦等
类　　别：禾本科大麦属
起 源 地：西亚、东亚（青藏高原）
盛 产 地：中国、俄罗斯、德国等

大麦
从主粮到酒水

相比小麦，大麦的名气要小很多。大麦也曾是人类餐桌上的主角，后来逐渐被小麦取代，但大麦独有的魔力——酿酒，始终让无数人着迷。

1

大麦之所以叫“大麦”，是因为比小麦更大吗？不是的。其实大麦的个头、种子都并非更大，产量也没有更高，那为什么这样叫呢？因为大麦的生长周期比小麦短。如果同时种下大麦和小麦，大麦会更早成熟，“排行更大”，所以叫大麦。

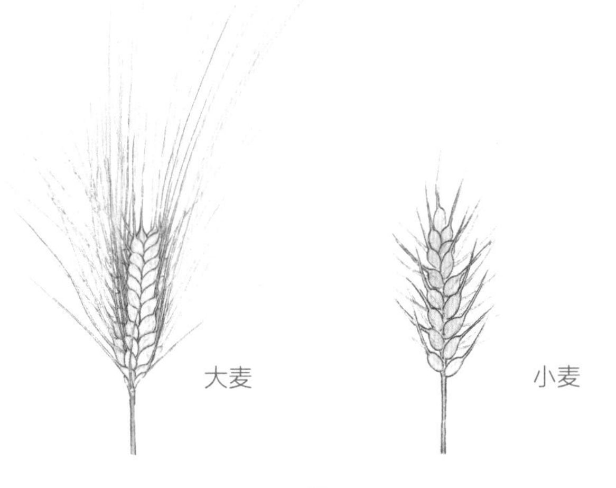

2

大麦可能有两个故乡——西亚地区和青藏高原。就像其他作物一样，大麦从一种野生植物，经过远古人类的驯化，慢慢变成了栽培作物，养活了许多人。

3

大麦分为皮大麦和裸大麦两类。裸大麦又叫青稞，生活在青藏高原的人们以它为主粮。考古学家在青藏高原还发现了距今 4000 年的大麦遗存。

4

据说西亚地区的大麦栽培史长达 7000 多年。对古希腊、古罗马人而言，大麦比小麦更重要，所以谷物女神克瑞斯头上戴的冠冕是用大麦而非小麦编织的。

5

你知道吗？历史上还有赫赫有名的“嚼大麦者”——古罗马斗兽场中的角斗士们，他们长期以大麦为主粮，甚至还会直接生嚼大麦来获取能量。

6

古人还发现了大麦的药用价值。中医药学家们就把大麦粒当药材使用，在《本草纲目》中有大麦药用功能的记载。今天，人们也把大麦当作一种保健食品，比如用炒过的大麦来泡茶喝。

这是啤酒花，是制造啤酒的重要原料之一，被誉为“啤酒的灵魂”。

7

后来，大麦还是“输”给了小麦，因为大麦粉无法做成松软的面包、包子，因此没有小麦受欢迎。不过大麦有其他作物没有的特殊麦芽香，是一种很好的酿酒原料。啤酒和威士忌基本都是用大麦酿成的，即便有些酒用别的谷物酿制，但也需要大麦芽来帮忙。

8

时至今日，大麦已基本失去了它的主粮地位。不过，生活在青藏高原地区的人们仍以青稞为主粮，他们把青稞炒熟磨粉，做成糌粑（zān ba），也用青稞来酿酒。每到青稞快要成熟时，人们围绕在田野里又唱又跳，祈求丰收，这成了高原上的一道美景。

玉米

占领全球的魔力作物

从印第安部落的果腹品，到占领全球，成为人类离不开的“谷物之王”“饲料之王”，甚至可能解决“石油饥荒”的新能源，玉米这种神奇的魔力作物，养活了无数人，成就了诸多灿烂文明。它闯荡地球的征程，就是一部波澜壮阔的征服史。

玉米

Corn

别　　名：苞谷、番麦

类　　别：禾本科玉蜀黍属

起 源 地：中美洲、南美洲

盛 产 地：美国、中国、墨西哥等

怎么找不到玉米的“出生证”呢？

唉，这美味的“怪物”。

1

大部分被驯化的禾本科谷类作物（比如水稻、小麦、高粱等），在野外都保留着形态相近的野生植物，但要找玉米的祖先却不容易。科学家们经历千辛万苦，终于找到了玉米的祖先——大刍草。

2

不过，玉米的故乡很明确，就在中美洲和南美洲。考古学家在这里的许多古代遗址里，都发现了玉米的果穗和苞叶等。古老的印第安人大约在 7000 年前驯化了玉米，还把玉米奉为神。现在秘鲁就有一座玉米博物馆，里面展示着各种各样的玉米。

不愧是玉米的故乡，这么多宝贝。

这里是玉米角斗场，曾出土了多种玉米的种子。

3

在大约 5000 年前，墨西哥人就开始大规模种植玉米，玉米取代了许多坚果甚至野味的地位，成了当地人的主粮。直到今天，墨西哥的国宴菜单中仍以玉米美食为主。

▲ 玉米传播路线图

4

当玉米传到发展出印加文明的安第斯山脉后，这里的人们对玉米的食用方式做出了改变。他们更多是用玉米酿酒，以土豆为食。玉米酿的酒给生活增添了很多滋味，人们举行祭祀时会整夜喝玉米酒，跳舞庆祝。

5

1492 年，哥伦布抵达北美洲，当地人给了他一块用玉米面做的饼，他在日记中写道：“这种谷物烘干制成面粉后的味道很不错。”玉米的全球远征便从这里开始了。

6

最初跟随哥伦布抵达欧洲的玉米，被当地人当作一种徒有其表的观赏植物。但没多久，人们便认识到了玉米的实力。16 世纪时，玉米传到了非洲和亚洲，包括中国，这与哥伦布首次航行美洲只隔了几十年。比起水稻和小麦，玉米更加耐热耐旱，不到 200 年就占领了大半个地球。

7

印第安人最早栽培的玉米只有铅笔大小，但今天的玉米，个头粗壮，颗粒饱满。中国东北地区就是玉米的盛产地，当地有一句俗话叫“大苞米不骗人”。丰产的玉米，给人类带来了很多喜悦。

8

玉米除了高产外，它的根像章鱼触手能抓牢土壤，哪怕土壤中缺少养分也能生长。在科幻大片《星际穿越》中，玉米还被塑造成“末日谷物”，成为人类仅剩的粮食作物。

9

到了 21 世纪，玉米除了直接作为人类的食物来源、畜牧业的重要饲料来源，还衍生出了数百种产业、几千种食品，成为粮食作物中当之无愧的“王者”。玉米还被人们寄希望为消除能源危机的替代品。这种作物究竟还有多少潜力可开发？期待未来的你继续发挥它的神奇魔力！

高粱

作物中的“骆驼”

高粱
Sorghum

别　名：蜀黍、芦粟等
类　别：禾本科高粱属
起源地：北非
盛产地：美国、中国、印度等

高粱是一种古老的栽培作物。人们为了把它跟水稻、小麦区分开，将其归为杂粮。高粱植株高大，高粱穗脱粒后还能做成扫地用的扫帚、洗刷用的炊帚，高粱叶能喂牛羊，高粱秆能当柴烧或编织工艺品……由于抗旱耐涝又高产，高粱还被称为“作物中的骆驼”。

1

高粱起源于哪里呢？人们公认的起源地之一是非洲的埃塞俄比亚，科学家在这里发现了很多野生的高粱属植物。据说，人们还曾在莫桑比克的一个溶洞中，发现了古老石器上粘着的高粱粒。

2

有人认为中国的高粱是从非洲经过印度传来的，也有人认为是在中国大地上独立起源的。但有一点倒是可以确认——中国栽培高粱的历史长达 3000 年，在古书的记载中，高粱有很多别名。李时珍认为高粱来自于蜀地（今四川、重庆及附近地区），所以把它叫作蜀黍。高粱在我国农业史上曾经十分重要。如今种满玉米的东北大地上，就曾经种满了高粱。

3

高粱毕竟是一种粗粮，口感没法跟大米和面粉这类精粮相比，产量又比不过玉米。慢慢地，除了在少数地区，现在基本已经很难在餐桌上见到高粱了。不过在一些盛产高粱的地方，还能吃到用高粱做的多种美食。在中国，人们常喝的白酒大多是用高粱酿造而成的。

高粱

2012 年诺贝尔文学奖获得者、中国作家莫言，曾以山东省高密市大片的红高粱为背景写了一部中篇小说《红高粱》，根据小说改编的电影获得了多项电影大奖。

粟

被冷落的“百谷之长”

粟，又叫稷，未去壳时叫谷子，去壳后叫小米，如今也被归为杂粮。在很长一段时间里，它都是中国人最重要的粮食，被誉为“百谷之长”。古人还把春天的最后一个节气定名为“谷雨”，春雨贵如油，寄托着古人对粟丰收的期盼。

粟

Millet

别　名：稷、谷子、小米
类　别：禾本科狗尾草属
起 源 地：东亚（中国）
盛 产 地：中国、印度、巴基斯坦、朝鲜等

1

黄河是中国的母亲河，在很久以前，远古人类就生活在水草丰美的黄河流域。这里气候干旱，缺少植被，却适合粟的野生种——狗尾巴草生长。古人在采集食物时慢慢注意到了长得茂盛、能结出籽粒的狗尾巴草，他们开始有意栽培驯化这种植物，渐渐地就有了粟。

2

科学界公认粟的起源地是黄河流域。人们在华北地区的很多新石器遗址里都发现了粟的遗存，推测出粟在中国至少有8000年以上的栽培史。粟被驯化后，很快便传播开来，最迟在距今4000年前，粟已经传播到了东南亚和南亚地区。

3

粟在中国古代有多重要呢？夏商时期，由于人们大量种植粟，有些历史学家还把这一时期的古代文化称为“粟文化”。在先秦时，粟是最重要的粮食作物，要是收成不好，会当作大事被写进史书中。

人们常把粟跟黍放在一块讨论。黍也是起源于中国的古老作物，跟粟的外形很像，脱壳后一般叫大黄米，原产于中国西北。在粟被驯化之前，黍是当地最重要的粮食作物。现在，黍也是一种少有人吃的杂粮了，在俄罗斯和乌克兰种得比较多。

4

西汉以后，随着小麦食用方式的转变，粟在“五谷”（稻、黍、稷、麦、菽）中的地位逐渐被小麦所取代。如今，粟在大多数国家和地区已退出了主粮舞台，但由于营养价值高，人们把它当作一种健康食品偶尔吃吃。除了中国，印度、巴基斯坦、朝鲜也种粟。

土豆

能“穿越”宇宙的食物

在科幻电影《火星救援》中，被遗留在火星上的宇航员靠种土豆、吃土豆活了下来。也许在未来的某一天，火星上真的能种植土豆呢！土豆生命力顽强，分布广，产量高，是仅次于小麦、水稻和玉米的全球第四大重要粮食作物，它营养丰富，又被称为“地下苹果”。

土豆
Potato

别　名：马铃薯、地蛋、洋芋、荷兰薯等
类　别：茄科茄属
起源地：南美洲（安第斯山脉）
盛产地：中国、印度、俄罗斯、法国等

1

大概 5000 年前，在南美洲安第斯山区生活的印第安人开始驯化野生的土豆，并培育出抗寒品种，最终将土豆的种植扩展到了整个安第斯山区。

2

安第斯高原气候寒冷，被人们认为不适合发展农业，却相继出现了蒂瓦纳科文明与印加文明，作为当地人主要食物来源的土豆功不可没。

3

1531 年，西班牙探险家弗朗西斯科·皮萨罗率领仅 180 余人的军队对印加帝国发动突袭，土豆可能是在这个时候随皮萨罗军队一行人被运往欧洲的。

4

17 世纪时，土豆迅速传入大洋洲和欧洲大陆。土豆传入欧洲后，由于其貌不扬的外表和从土里刨出来的特质，它被视为魔鬼的食物，人们送它外号“妖魔苹果”。为了推广这种产量大的作物，普鲁士国王腓特烈故意派士兵严密看守一块土豆田，并写上“皇家专供”，诱导好奇的农民来偷土豆去种，以此来推广土豆。

5

为了让土豆被人们接受，法国军医帕蒙蒂埃可谓费尽心思，他积极宣传土豆的好处，但没人搭理他。后来，他把土豆的花朵送给玛丽王后，因为土豆花朵十分漂亮，玛丽王后将它戴在头上当发饰，从那以后，把土豆花戴在头上或装饰于胸前逐渐成为一种潮流，土豆也随之被人们接纳。

6

被人们接受后的土豆由于产量高，产出稳定，养活了欧洲大量人口，变成欧洲人一日三餐不可缺少的食物。其中对土豆依赖程度最高的非爱尔兰莫属，40% 以上的人口以土豆为主要食物来源。但在 19 世纪中期，一场病害袭击土豆导致其产量大幅下降，造成了骇人听闻的“爱尔兰大饥荒”（俗称“土豆大饥荒”），饿死了上百万人。

7

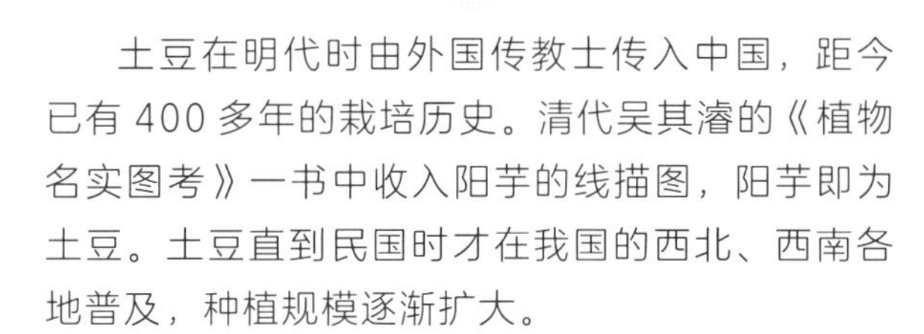

土豆在明代时由外国传教士传入中国，距今已有 400 多年的栽培历史。清代吴其濬的《植物名实图考》一书中收入阳芋的线描图，阳芋即为土豆。土豆直到民国时才在我国的西北、西南各地普及，种植规模逐渐扩大。

8

如今，土豆已成为全世界备受欢迎的食物。一项统计表明，欧洲人平均每人每年要吃掉 80~100 千克的土豆。在我们中国人的餐桌上，用土豆做成的酸辣土豆丝，由土豆作为重要配菜的大盘鸡、地三鲜等也是常见的美食。2015 年 1 月，我国正式启动“土豆主粮化”战略，要把土豆升格成继水稻、小麦、玉米之后的第四大主粮作物呢！

红薯

能救荒的“草根”美食

香喷喷的烤红薯，总能让人垂涎三尺。红薯虽然普通，但产量高又好种，无论是剪下一段藤蔓插入土中，还是用块根育苗，都能迅速繁殖，结出累累果实。正因如此，它还曾是中国多次闹饥荒时的大救星。

红薯
Sweet potato

别　名：地瓜、红苕、五彩薯等
类　别：旋花科番薯属
起源地：中美洲、南美洲
盛产地：中国、菲律宾等

1

红薯原产于美洲，一般认为，它起源于墨西哥尤卡坦半岛到委内瑞拉奥里诺科河河口之间，大约在5000年前被当地的印第安人驯化。今天，那里还分布着很多红薯的野生近缘种。

2

抵达美洲后，哥伦布发现中美洲和南美洲各地以及附近岛屿都种有红薯。哥伦布在他的航海日记里多次提到红薯，说它的口感像栗子。当他回到欧洲时，把红薯当作异域植物献给了西班牙女王。

3

16世纪初期，红薯已经种满了西班牙。几十年后，在美洲成功殖民的西班牙人开始在南亚建立殖民地，他们把红薯作为一种压舱物和食粮储备，随船带到了东方，其中包括菲律宾。

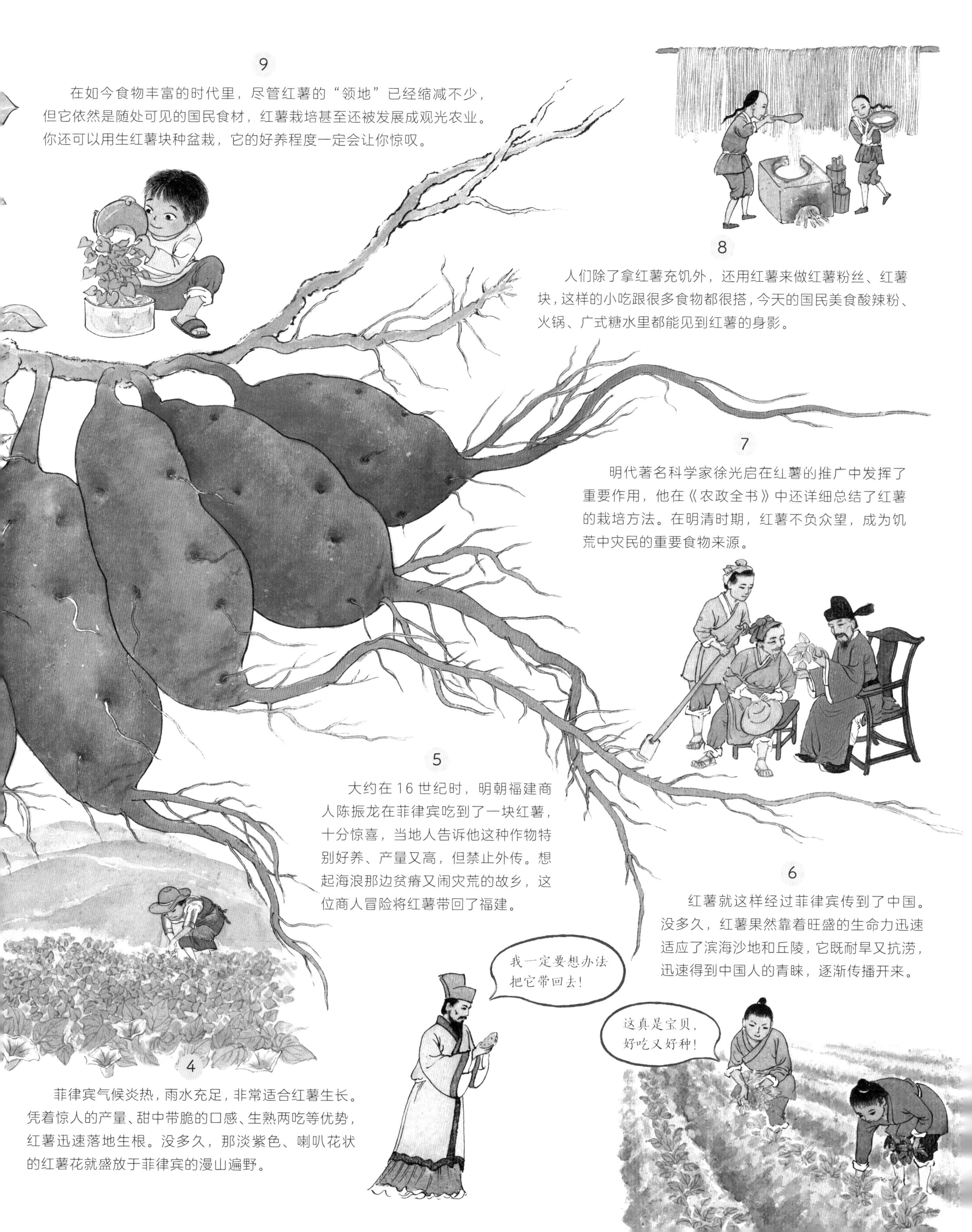

4

菲律宾气候炎热，雨水充足，非常适合红薯生长。凭着惊人的产量、甜中带脆的口感、生熟两吃等优势，红薯迅速落地生根。没多久，那淡紫色、喇叭花状的红薯花就盛放于菲律宾的漫山遍野。

5

大约在16世纪时，明朝福建商人陈振龙在菲律宾吃到了一块红薯，十分惊喜，当地人告诉他这种作物特别好养、产量又高，但禁止外传。想起海浪那边贫瘠又闹灾荒的故乡，这位商人冒险将红薯带回了福建。

6

红薯就这样经过菲律宾传到了中国。没多久，红薯果然靠着旺盛的生命力迅速适应了滨海沙地和丘陵，它既耐旱又抗涝，迅速得到中国人的青睐，逐渐传播开来。

7

明代著名科学家徐光启在红薯的推广中发挥了重要作用，他在《农政全书》中还详细总结了红薯的栽培方法。在明清时期，红薯不负众望，成为饥荒中灾民的重要食物来源。

8

人们除了拿红薯充饥外，还用红薯来做红薯粉丝、红薯块，这样的小吃跟很多食物都很搭，今天的国民美食酸辣粉、火锅、广式糖水里都能见到红薯的身影。

9

在如今食物丰富的时代里，尽管红薯的“领地”已经缩减不少，但它依然是随处可见的国民食材，红薯栽培甚至还被发展成观光农业。你还可以用生红薯块种盆栽，它的好养程度一定会让你惊叹。

蔬菜作物

俗语说："宁可三日无肉，不能一日无菜。"蔬菜中含有多种营养素，能提供人体所必需的多种维生素和矿物质等营养物质，也是人们日常饮食中必不可少的食物。

含铁量领跑众多作物的菠菜，是个"红嘴绿鹦哥"，且因为拥有某种"神秘力量"，成为动画人物大力水手的最爱。

青翠欲滴的黄瓜，解渴又清爽，它还有个古老的名字"胡瓜"，你知道从何而来吗?

鲜红艳丽的番茄，曾一度被称作"毒果""狼果"，无人敢食用，现在却变成了老百姓餐桌上一种常见的食材。

看起来平平无奇的洋葱，竟能"强健身体"，古罗马斗兽场内的角斗士要用洋葱汁涂抹全身，这又是为什么呢?

一起来看看这个五颜六色的蔬菜家族，了解它们非凡的起源和传播故事吧!

卷心菜

物美价廉的大众蔬菜

卷心菜是我们生活中最常见的蔬菜之一，它价格低廉，营养美味，又耐储藏，因此深受喜爱。在生活条件不太好的过去，耐寒抗冻的卷心菜是我国北方冬季最常吃的蔬菜之一。

常见的卷心菜可以分为绿色和紫色两种。

卷心菜
Cabbage

别　名：洋白菜、结球甘蓝、包心菜、圆白菜等
类　别：十字花科芸薹（tái）属
起源地：欧洲（地中海沿岸）
盛产地：中国、欧洲大多数国家等

卷心菜的抗寒能力强，不喜欢高温。

1

卷心菜的层层叶子紧裹在一起，看上去很像一个圆球。这种蔬菜原产于欧洲地中海沿岸，已有4000多年的栽培历史。不过，最初的卷心菜跟今天我们所看到的模样完全不同——叶片松散，也不结球。

人们一般先用种子育苗，等菜苗长出来后，再移植到土地中栽培、照料。

卷心菜的菜心包卷结实后，就可以收获了。如果把卷心菜留在土地里过冬，等到了第二年的晚春时，它就会开花结籽。

2

卷心菜是十字花科的成员之一，十字花科是个庞大的蔬菜家族，里面还有我们熟悉的花椰菜、西蓝花、萝卜等。与大多数农作物不同，十字花科蔬菜的味道在驯化过程中似乎没有变淡或变甜，有的十字花科蔬菜还有淡淡的苦味。幸好，卷心菜没有这种特质，一直都很受人们欢迎。

3

到了 9 世纪时，不结球的卷心菜在欧洲已经得到了广泛种植。大概在 13 世纪时，经过人工选择，卷心菜逐渐被培育成了结球状，然后逐步传入北美及亚洲的一些国家。

4

大约在 16 世纪，卷心菜传入中国，但直到 20 世纪上半叶，卷心菜才得到了快速发展。不过那时的卷心菜还结不出像现在这样硕大而结实的叶球。人们所需要的进口卷心菜的种子，不仅价格贵，质量也得不到保证。

5

后来，中国的科学家们费尽心思研究，经常在卷心菜地里像农民伯伯那样扛着锄头，顶着烈日，辛勤劳作，最后通过杂交等方式，得到了不同品种的卷心菜。因为有科学家们的努力，最终卷心菜成了产量高、四季都可以吃到的常见蔬菜。

6

卷心菜在世界各地有不同的吃法。欧美地区的人们主要以鲜食为主，最典型的两种吃法就是做汉堡包蔬菜夹层和凉拌沙拉。中国人吃卷心菜的方法就更加丰富了，除了鲜食外，还有炒、炝、煮等方式，还会把卷心菜做成泡菜、腌菜、脱水菜，或者用来做水饺的馅料。

7

如今，卷心菜早已是遍布全球、物美价廉的蔬菜。而且，卷心菜的营养十分丰富，还具有保健功能，德国人甚至把卷心菜誉为“蔬菜之王”，卷心菜还是世界卫生组织推荐的排名第三的最佳食品。

菠菜
Spinach

别　名：波斯菜、菠薐（léng）菜、鹦鹉菜、赤根菜等
类　别：藜科菠菜属
起源地：西亚（伊朗）
盛产地：中国、美国、日本等

菠菜

不畏严寒，傲视风雪

如今，菠菜是中国人餐桌上一道再寻常不过的蔬菜，一年四季都可以在菜市场上买到。但是唐朝以前的人，可吃不到这种蔬菜，这是为什么呢？

1

菠菜的老家在亚洲西部的波斯（今伊朗），2000年以前就有栽培。古代阿拉伯人曾把菠菜称为“菜中之王”。后来，菠菜向西传到北非，又被当地人传到西欧的西班牙等国，向东传入南亚地区。

2

唐朝初期，都城长安的“超级市场”西市上熙熙攘攘，你会看到众多身穿胡服的胡商在叫卖各种珍奇物品。在菜市场中，你还会看到菠菜，但是这时的菠菜价格昂贵，因为它刚刚从国外引进，还没有得到普及。

3

647年，南亚的泥婆罗国（今尼泊尔）将菠菜种子作为贡品进献给了当时的唐太宗，菠菜开始在中国“安家落户”。那时菠菜叫菠薐菜，“菠菜”这个名称到明朝才出现，李时珍在《本草纲目·菜部》中记载过这种蔬菜。

4

北宋文豪苏轼是个美食家，写过许多脍炙人口的有关食物的诗词，这首就是他为菠菜而作。可见，在他心目中，菠菜不畏严寒，傲视风雪，宛如“铁甲”的风貌是值得赞美的。

5

传说明成祖朱棣微服私访时，在一家小店偶然品尝到用豆腐干和菠菜做的菜肴，觉得十分可口，就问这道菜叫什么名字。店小二见来客器宇不凡，灵机一动，说："金镶白玉板，红嘴绿鹦哥。"朱棣一听，再看菜的颜色，妙绝，给以重赏。

6

1929年，一个叫埃尔兹·西格的美国连环漫画家创造了一个爱吃菠菜的大力水手"波比"的形象，一经问世即大受欢迎，1933年还被改编成了动画片。英勇无畏、敢于冒险的大力水手，给处在经济危机中的人们带来了希望和力量。每每在危机时刻给大力水手带来力量的菠菜，也在当地引发了食用的热潮。

我含的铁是不少，但并不容易被人体吸收。

Fe

7

爱吃菠菜的大力水手形象在人们心中广为流传，菠菜的神秘力量成了很多人的珍藏记忆。为什么大力水手不吃肉罐头、鱼罐头，而唯独喜欢吃菠菜罐头呢？据说是因为在当时的科学研究下，菠菜的含铁量排名第一，超过了肉食和其他蔬菜。

8

如今，世界上绝大多数的菠菜都产自中国，不仅我们中国人常吃，它也是伊朗、尼泊尔和不丹等地人们喜欢吃的蔬菜。菠菜向北传至俄罗斯，向西传到欧洲各国，还跨海到了美洲，在全世界都被广泛栽培。

因为菠菜的根是红色的，所以它还有一个别名，叫红根菜。

菠菜生性耐寒，每到深秋时节，众多草木已经枯黄的时候，菠菜仍能为我们的餐桌提供鲜嫩翠绿的茎叶。

黄瓜

清脆爽口的蔬菜

黄瓜和丝瓜都是分布较广的蔬菜作物。黄瓜清脆可口，还有一种独特的清爽气味，口渴的时候吃上一根，就像喝了水一般清爽，因此黄瓜也常被当作水果吃。

黄瓜
Cucumber

别　名：胡瓜、刺瓜、青瓜等
类　别：葫芦科黄瓜属
起源地：南亚（印度）
盛产地：中国、俄罗斯等

新鲜的黄瓜身上布满了刺，所以又被称为“刺瓜”。

1

一般认为，黄瓜原产于印度，至今已有3000多年的栽培历史了。不过，当初还没有被人类驯化的野生黄瓜，可没有现在的黄瓜这么清甜可口，不仅皮厚，味道也特别苦涩。

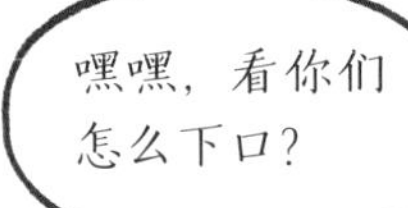

2

公元前1000年，黄瓜随着人类迁徙和战争传入埃及，后来又从埃及传播到古罗马和古希腊。不仅古埃及人很喜欢吃黄瓜，历代的罗马皇帝也很爱吃。

3

黄瓜进入中国应该不晚于公元6世纪，古代中国人一开始把黄瓜叫作“胡瓜”，“胡”指的是什么呢？有的学者认为，黄瓜是随着佛教传入中国北方的，“胡”应该是印度，但也有学者认为是伊朗。南宋以来，种植和食用黄瓜才逐渐普遍起来。

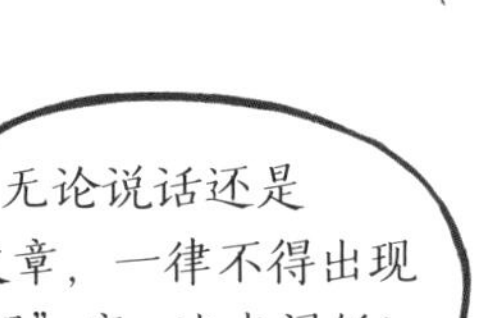

4

据说有一位羯族的皇帝叫石勒，他讨厌别人叫羯族为胡人，为此还专门制定了一条法令，不准使用“胡”字。从那以后，胡瓜就变成了黄瓜。

5

欧洲人认识黄瓜这种蔬菜是在14世纪以后。刚传入欧洲的黄瓜略带苦味，为了去除苦味，人们尝试将醋、蜂蜜等加入黄瓜做成的汤中来调味。16世纪，随着哥伦布发现新大陆，美洲大陆逐渐开始引种黄瓜。黄瓜早在约10世纪时就传入了日本，人们认为多食有害，直到19世纪30年代才有所改观，黄瓜种植逐渐普及开来。但无论是欧洲还是亚洲，人们都更偏好生吃种子还没有变硬的嫩黄瓜。

丝瓜

既能吃又能用

作为和黄瓜一样还没成熟就被采摘食用的丝瓜，它与黄瓜脆爽的特性完全相反，丝瓜口感是软软的，没法生吃。

丝瓜
Sponge cucumber

别　　名：丝瓜、天罗瓜、线瓜等
类　　别：葫芦科丝瓜属
起 源 地：南亚（印度）
盛 产 地：中国、巴西等

1

丝瓜的拉丁学名 Luffa aegyptiaca 中的 aegyptiaca 有“埃及”的意思，这是因为 16 世纪欧洲的植物学家从埃及引进了这种作物。但丝瓜实际上原产于亚洲，可能来源于印度，并且已经有 2000 多年的栽培历史了。在中国，丝瓜的栽培历史非常久远，在云南、广西等地还发现了野生的丝瓜。

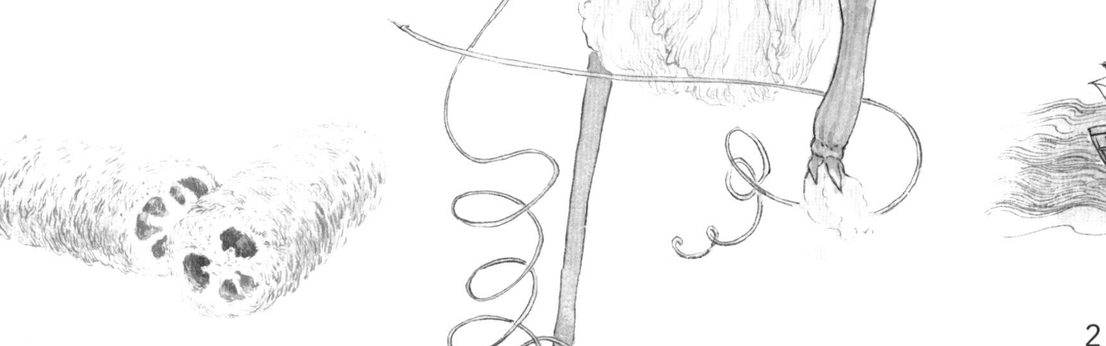

2

宋朝是我国历史文献中记载丝瓜信息最早的朝代，这应该与宋朝海上丝绸之路的海外贸易兴起有关。丝瓜从东南沿海一带逐渐传入内地。16 世纪初，丝瓜被传入日本。在中国经过了长时间培育驯化后的丝瓜，能适应从南到北的生长环境，成为方便种植的蔬菜。现在中国是世界上丝瓜种植最多的国家，丝瓜也被广泛栽培于温带和热带地区。

3

与黄瓜一开始就被食用不同，丝瓜最初被用在中药中。人们还发现，丝瓜生长很快，一不留神就可能错过最佳食用时机，但过熟的老丝瓜筋可以做成用于洗刷厨具的丝瓜络。这是一种神奇的天然清洁材料，直到今天仍然有不少人在使用。

番茄

坠落人间的美味

番茄，又名西红柿，在 200 多年时间里，它成功逆袭，从人们惧怕的“狼果”“毒果”变成菜中佳肴、果中美品。它适应性强，好看好吃又好养。怪不得有人说，番茄是从天堂坠入人间的美味。

番茄
Tomato

别　名：西红柿、洋柿子
类　别：茄科番茄属
起源地：南美洲
盛产地：中国、印度、土耳其、美国等

1

番茄原产于南美洲的干旱高原，背靠太平洋和安第斯山脉。在当地丛林中，我们仍能找到很多野生番茄。野生番茄长得鲜红艳丽，当时的人认为它跟毒蘑菇一样有毒，给它取了个吓人的名字——“狼果”。

2

有一天，不知道是哪位勇士吃了番茄，发现它无毒而且很美味，番茄才被人们逐渐接受。大概在 2000 年前，农民把野生番茄的种子留下来，种在山坡菜地里。

3

16 世纪时，欧洲人来到美洲大陆，看到集市上到处都是番茄，这时的番茄已经有了不同外形，颜色有红有黄，味道有甜有苦。惊讶的欧洲人把番茄当作稀罕物带回欧洲。据说有一位英国公爵将番茄带回去献给爱人，使番茄享有了“情人果”之名。

4

最开始，人们只是把番茄作为珍奇植物种在贵族的花园里欣赏。因为番茄的枝叶上长有软毛而且会分泌一种有怪味的汁液，用手摸后很难洗掉，所以被人们称为“毒果”。

5

没多久，番茄就传到了意大利。1554 年，草本植物学家马希奥勒写道：意大利新近出现番茄。人们把番茄汁用来拌意大利面吃，还把番茄摊在面团上食用，据说比萨就是这么来的。番茄对意大利饮食文化的影响很深。

用番茄汁拌面真好吃。

6

明朝时，番茄经过海上丝绸之路传入了中国。1708 年出版的《广群芳谱》使用“番柿”这一名称代表番茄，但很长时间里番茄主要用于观赏，直到 20 世纪初期，中国人才开始种番茄。番茄广泛走上中国人的餐桌，则是 20 世纪中叶以后的事情了，在那之前，人们对它的态度是“吃不惯”。

7

番茄在美国的推广，要感谢美国第三任总统托马斯·杰斐逊，他是一位狂热的美食爱好者和园丁。18 世纪 80 年代，他在法国担任大使时深深地爱上了番茄，带它漂洋过海，回到了美国。为了让不敢吃番茄的老百姓放心，杰斐逊总统便当众食用蕃茄，让大家渐渐接受了番茄，还出现了风靡全球的调料——番茄酱。

8

番茄到底是水果还是蔬菜呢？为了回答这个问题，19 世纪的美国人还为此打了一场官司。商人主张番茄是水果，法院却判定番茄是蔬菜。无辜的番茄被法律制裁，这是由于当时美国对进口蔬菜要收税，对水果就不用收。番茄到底是水果还是蔬菜？今天的人们依旧说不太清。

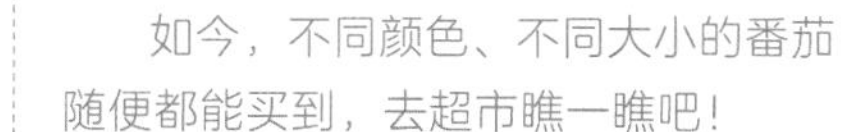

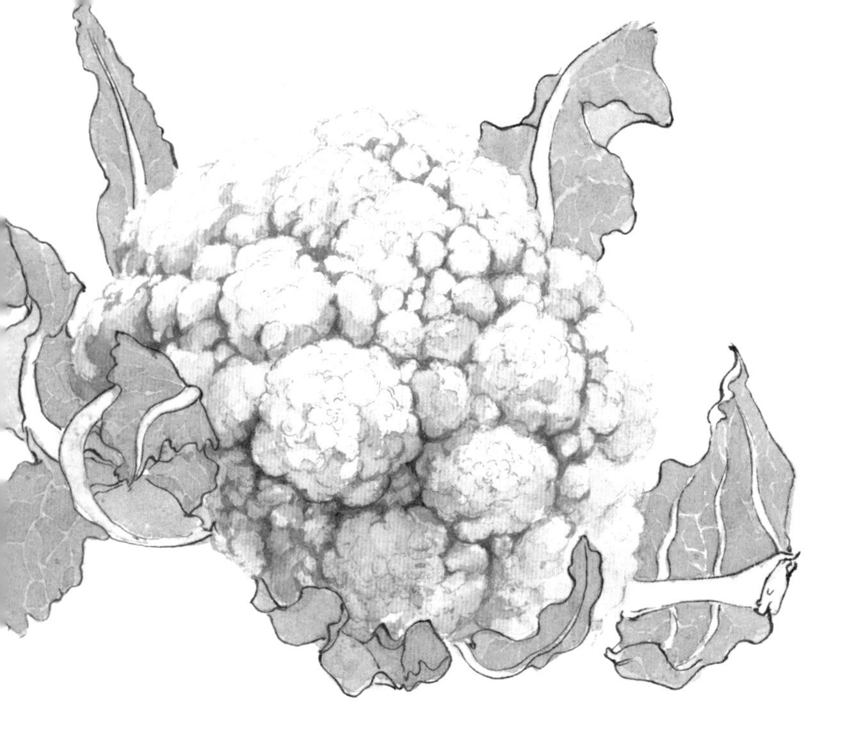

花椰菜

甘蓝家族的佼佼者

很多蔬菜都有多个名字，随着地区间交流的频繁和统一标准的推广，蔬菜名渐渐走向统一。但对花椰菜来说，要等到名称统一也许还需要很久，人们叫它“花菜”“菜花”“花椰菜”……就算在西方，花椰菜也长期与其他蔬菜名称“纠缠不清”。

花椰菜
Cauliflower

别　名：花菜、菜花、球花甘蓝等
类　别：十字花科芸薹属
起 源 地：欧洲（地中海沿岸）
盛 产 地：中国、印度、美国等

教育能让人思想更开放，让人更受欢迎，就像花椰菜绽放，而卷心菜紧裹着一样。

1

马克・吐温曾说：“花椰菜不过是受过大学教育的卷心菜。”这句玩笑话是有科学依据的，花椰菜比卷心菜的营养价值更高。花椰菜跟卷心菜同属于十字花科家族，也起源于欧洲地中海沿岸，均由野生甘蓝培育而来。

2

野生甘蓝的口感很不好，人们通过精心栽培和人工选育，发现甘蓝的花薹（即植物专门长花的茎）更好吃。人们朝着这个培育方向不断努力，最终培育出了叶子少、花薹壮的花椰菜。到了公元前 6 世纪时，花椰菜已成了地中海地区人们常吃的蔬菜了。

我们平时吃的花椰菜和西蓝花，它们都处于含苞待放的阶段，等花朵全开时，就太“老”了，不好吃了。

3

除了食用，花椰菜还有很高的药用价值。古代西方人对花椰菜十分推崇，认为它能爽喉、润肺、止咳，称它为“天赐的药物”“穷人的医生”。16 世纪后，随着欧洲人不断航海，花椰菜走出欧洲，逐渐走向了世界各地。

嫩花椰菜尖，我超爱。

4

花椰菜大概是在 20 世纪时传入中国的。一开始，花椰菜只在上海、天津等地栽培，供一些西餐馆消费，价格较贵，普通百姓消费不起。后来，中国人逐渐从国外引入更多新品种，大力推广，使花椰菜种植变得越来越普遍。

西蓝花

蔬菜界的营养大王

西蓝花是不折不扣的“超级食物”，它的营养极为丰富，被誉为“蔬菜皇后”。无论清炒，还是凉拌，西蓝花都是营养丰富的绝佳蔬菜。关于西蓝花，又有哪些故事呢？

西蓝花
Broccoli

别　名：西兰花、青花菜、绿菜花等
类　别：十字花科芸薹属
起源地：欧洲（地中海沿岸）
盛产地：中国、印度等

1

西蓝花跟花椰菜长得很像，都是我们日常生活中的常见蔬菜，很多人分不清两者，甚至以为它们是同一种蔬菜或“孪生兄弟”。但实际上，除了外形相似，西蓝花和花椰菜区别很大。

2

从颜色上来看，花椰菜一般是乳白色，西蓝花则是翠绿色。西蓝花表面的小花蕾比花椰菜要明显一些，也没有那么密集。就营养价值而言，西蓝花比花椰菜更突出一些，所以价格也往往更贵一些。

3

西蓝花也起源于欧洲地中海沿岸，大约于19世纪传入中国。但由于产量低，人们种植较少，直到20世纪后期，随着生活水平的提高和人们对蔬菜多样化的追求，才逐渐多了起来。

4

为什么很多小朋友不喜欢吃西蓝花呢？这是因为西蓝花尝起来有点苦味，人类基因中有负责侦测苦味的基因，小朋友的味蕾数约为成人的两倍，所以对他们来说，西蓝花非常难吃。但别担心，随着年龄的增长，小朋友对苦味的敏感度会降低，慢慢地就能接受西蓝花了。

茄子

花样百出的“蔬菜之王”

茄子也许是最常被人们提及的一种蔬菜，尤其是合影拍照时，人们总喜欢来一句“茄子”。作为少见的紫色蔬菜，茄子既美味又营养，还有花样百出的做法，是蔬菜界的“人气王”。

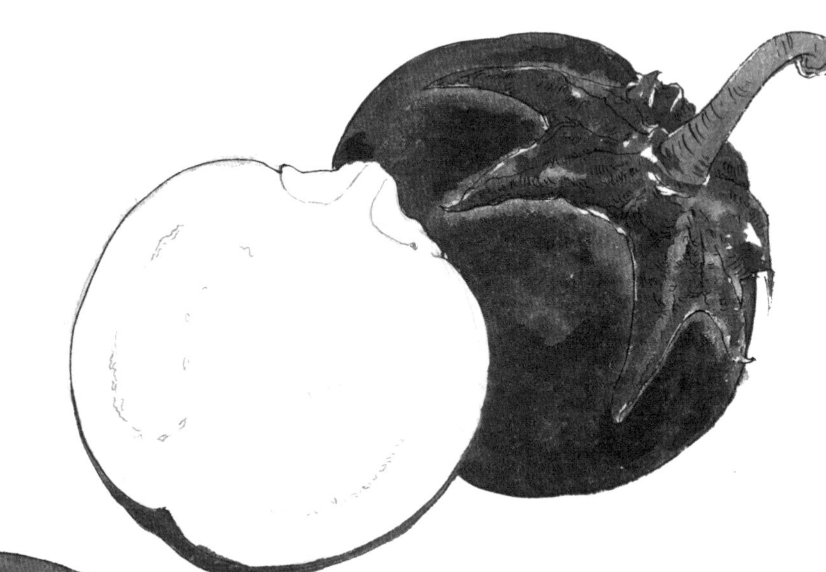

茄子
Eggplant

别　　名：枷子、落苏、昆仑紫瓜、吊菜子等
类　　别：茄科茄属
起 源 地：非洲、中东
盛 产 地：中国、印度等

▲ 茄子传播路线图

1

关于茄子的起源，之前有人认为起源于中国，有人认为起源于印度。直到 2010 年的分子研究才对这桩悬案做出了初步“裁决”——茄子的野生祖先是原产于非洲和中东的苦茄，这是一种浑身带刺的植物。

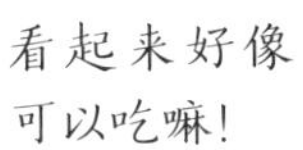

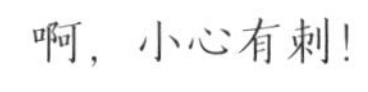

2

苦茄的果实就像鸟蛋，这也是后来茄子英文名“eggplant”的由来。慢慢地，苦茄从原产地传到了亚洲的热带地区，并被驯化成茄子。可到底是印度人还是中国人最先驯化的呢？人们仍旧无法得出结论。目前主流的观点是苦茄最可能是先在印度北部被初步驯化，中国是茄子的第二故乡。

3

被驯化后的茄子果实变大，味道变好，被逐步传播到了世界各地。一般认为，被驯化后的茄子先从印度传到了亚洲诸国，13 世纪时逐渐传到欧洲，17 世纪时又传到美洲。中国的茄子栽培史已经长达 2000 多年。清朝时，茄子从中国传到了日本。如今亚洲仍是茄子的“成长乐园”。

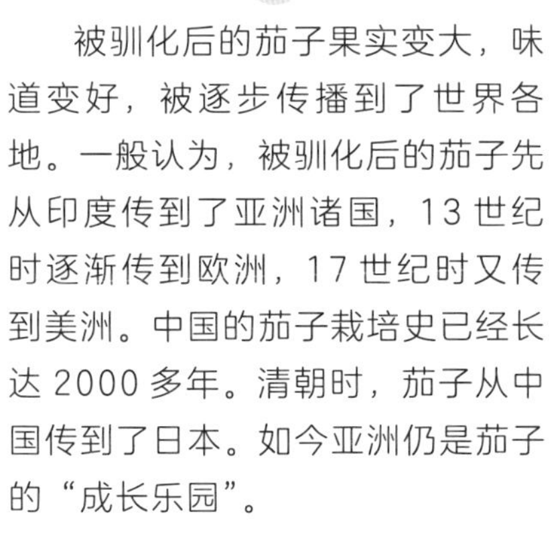

4

中国古籍里很早就有关于茄子的记载了。在西晋植物学著作《南方草木状》里就有记载说华南一带有茄子。宋代苏颂所写的《图经本草》中记载，当时除了紫茄、白茄、水茄外，江南一带还种有藤茄。按古籍的记载，南北朝时期培育的茄子是圆形的，与野生茄子的形状很像；到了元代，则培育出了长棒形茄子。

5

茄子的别称里也藏着有趣的典故。据说茄子曾是贵族才吃得起的蔬菜，隋炀帝特别喜爱茄子，给它赐名“昆仑紫瓜”。后来，茄子流入民间开始被普遍种植，变得不再高贵，成了平民百姓能吃得起的菜肴，也就从“昆仑紫瓜”变成了“落苏”。

以后就叫你昆仑紫瓜吧！

这个茄鲞（xiǎng）味道如何？

太好吃了，我刘姥姥真是头一回吃这样好吃的茄子！

6

古人对茄子的吃法很讲究，为了保持食材的新鲜口感，甚至连切茄子都不用铁刀，而用竹刀或骨刀，以免切开的茄子颜色变黑。古籍中还记载了很多茄子的做法，比如糖醋茄子、囫囵肉茄、茄干等。《红楼梦》中的贾母爱吃茄子，贾府发明了一道味道鲜美、工序复杂的“茄鲞”，让刘姥姥大开了眼界，感叹一道茄子竟然要用十只鸡来做搭配。

7

一般认为，紫色蔬菜营养丰富，茄子是为数不多的紫色蔬菜之一。茄子的吃法也是花样百出——既可以炒、烧、蒸、煮，也可以油炸、凉拌、做汤。如今，茄子几乎成了一种世界性蔬菜，全世界都有以它为主材的美食。

8

茄子早已渗入了中国文化。关于茄子的谚语不胜枚举，比如“霜打后的茄子——蔫了”“立夏栽茄子，立秋吃茄子”“茄子不开虚花，真人不说假话”……从这些民间谚语中，既可以看出茄子的自然属性，也能感受到茄子的文化属性。别忘了下次拍照时，来一句“茄子”哦！

洋葱
Onion

别　　名：球葱、圆葱、葱头等
类　　别：百合科葱属
起 源 地：中亚
盛 产 地：中国、印度、美国、伊朗等

洋葱

让人流泪的“菜中皇后”

有一种蔬菜，看着非常普通，但是营养价值很高，被称为“菜中皇后”。它就是洋葱。洋葱生长能力强，据统计，全球至少有175个国家种植洋葱，在全球蔬菜生产面积上仅次于土豆和番茄。

切洋葱的时候会辣眼睛，是因为洋葱里有一种化学物质，当它扩散到空气中后会刺激眼睛。

1

洋葱在人类的食谱中，作为一种蔬菜占有重要地位，至今已有5000多年的历史了。由于洋葱里面没有籽，腐烂后很难留下印痕，所以长久以来植物学家和历史学家都无法确定其初次种植的准确时间和地点，一般认为，洋葱起源于中亚一带。

在两河流域安家之后，大约在3500年前，洋葱向西来到了古埃及。外形圆润饱满，一层层剥开后有同心圆结构的洋葱，受到了崇拜圆形的古埃及人的喜爱，除了作为修筑金字塔的劳工们的食物和报酬，还被视为永恒生命的象征。

我们吃的洋葱头是洋葱的鳞茎，这是一种地下变态茎，里面贮藏着丰富的营养物质和水分，让洋葱可以在干燥的环境中生长。

这些须子才是洋葱真正的根。

2

随着古埃及文明与古希腊文明的交流，惹人喜爱的洋葱继续向西旅行来到古希腊。洋葱在这里首先被关注到的是它的药用功能，古希腊运动员赛前会食用大量洋葱，还将洋葱汁涂抹在身体上，据说这样可以让肌肉更加强劲。

3

罗马征服了希腊，洋葱征服了罗马人。尼禄皇帝曾赞扬洋葱滋润了他的嗓子；罗马人还继承了希腊运动员对洋葱的使用，斗兽场内的角斗士也用洋葱汁涂抹全身，认为洋葱能让身体更加强壮有力。

5

随着大航海时代的到来和全球新贸易路线的开拓，洋葱被带到了世界的各个角落。17 世纪，洋葱随着英国第一批殖民者到达美国的东北地区。美国南北战争期间，陆军部给格兰特将军送去了 3 大车的洋葱，解决了军队遭受痢疾和其他疾病困扰的问题。

4

中世纪的欧洲，洋葱成了人们生活中重要的一部分。耐储存的特性让它的作用得到进一步扩大：人们用洋葱付房租，当作借债的抵押品，作为礼物送给朋友，甚至骑士们出征前还会在胸前挂一串洋葱，当作护身符。

6

洋葱何时旅行到中国？很多人认为是西汉开通丝绸之路后传入中国的。尽管洋葱来到中国的时间不算太晚，但直到清朝，洋葱才作为重要的蔬菜得到大规模推广。现在，中国是世界第一大洋葱生产国和出口国。

7

现在，洋葱已在世界范围内得到了认可，无论是在主菜、配菜、开胃菜里，还是在主食、甜点和汤中，都很容易找到洋葱的身影。每年 11 月的第四个周一，是瑞士伯尔尼的洋葱节，这一天，整座城市都会变成洋葱的海洋。

8

洋葱是俄罗斯人最喜爱的蔬菜之一，一日三餐都离不开它。他们还把一些房子修建成洋葱的模样，那些色彩缤纷的“洋葱头”屋顶，就像一个个洋葱糖果悬挂在天空中。

辣椒
Chilli

别　名：辣子、番椒
类　别：茄科辣椒属
起源地：北美洲、南美洲
盛产地：中国、墨西哥、土耳其等

辣椒

调料霸主，无辣不欢

所有带辣味的食物中，没有谁比辣椒更有资格谈“辣”了。不同辣椒的辣味差别很大：有的闻一下就让人泪流满面，有的却可以当水果吃着玩。今天，辣椒已经成了全世界很多饮食的基础调料，人们无辣不欢。

1

古老的印第安人早在距今约万年的时候就注意到了辣椒。他们把辣椒用于宗教仪式。操持仪式的人手上常会沾到辣椒粉，那时人们用手抓食物吃，便发现沾在手上的辣椒粉带来的辛辣味能增加食欲。

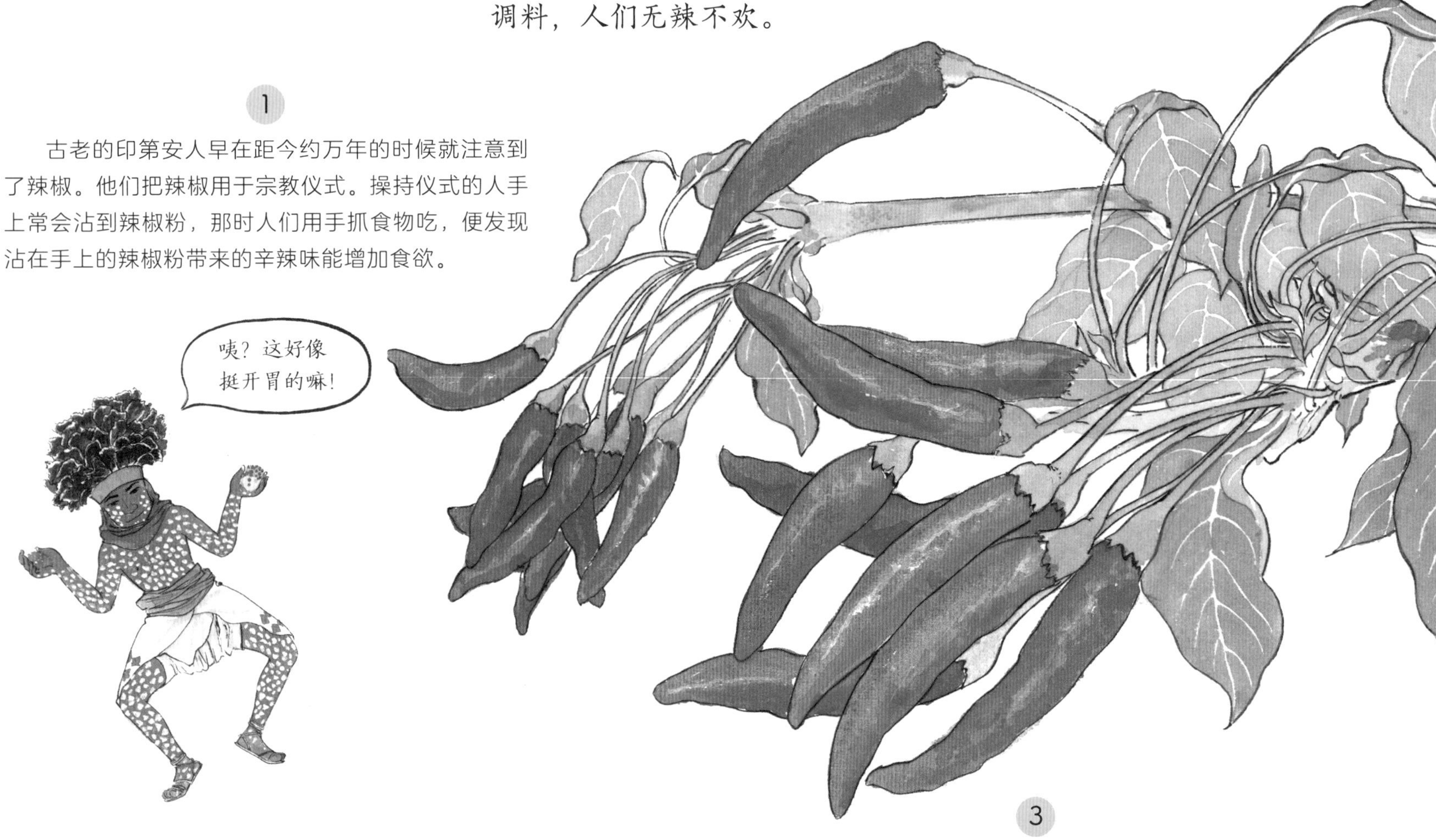

2

渐渐地，印第安人开始驯化栽培这种神奇的植物。在哥伦布抵达新大陆前，这里的人们已经广泛种植辣椒。如今种植在世界各地的辣椒，不论味道是偏甜还是偏辣，都属于这块大陆原产辣椒的近亲。

3

15世纪末，哥伦布没航行到印度，却到达了美洲，他没能找到当时让欧洲人神魂颠倒的胡椒，却带回了他认为跟胡椒有关的辣椒。但辣椒太辣了，跟胡椒味道很不一样，当时的欧洲人没有接受它，只把它当作观赏植物。

4

没多久，另一位伟大的航海家达·伽玛也开始寻找去往印度的新航线。他绕过好望角，来到了胡椒的故乡——印度，还把辣椒带了过去。没想到，辣椒让印度人非常着迷，很快便融入了当地的饮食中。

5

1542 年，辣椒重返欧洲，只不过这次是从东方传入。辣椒和它的多种烹饪方法从印度向西进入中东，穿越土耳其，对沿途的烹饪方式都产生了影响。欧洲人甚至还把辣椒称为“印度椒”。

6

辣椒传入中国是在明末清初，先传入中国沿海地区，后传入西南地区，很快就融入了自古就习惯了辣味调料的当地饮食，慢慢变成了人们不可缺少的日常调料。后来，辣椒又从中国传到了日本，它在日本汉字里被写作“唐辛子”，指从中国传来的芥末。

7

从毫无辣味的甜椒，到被称为“毒蛇”“魔鬼”“死神”，还有辣度超过催泪瓦斯的世界顶级辣椒，这个热辣的家族令人眼花缭乱。辣椒到底有多辣呢？迄今为止，世界上最辣的辣椒是美国卡罗莱纳的“死神”辣椒，生食这种辣椒会十分危险。

8

辣椒的果实成熟后虽然通常是红红的，但大部分野生动物看到它都会绕道而行，因为太难吃了。但辣椒的果实却深受鸟儿欢迎，因为鸟儿对辣味没有感觉，它们很喜欢吃这种不用跟其他动物竞争的果实。辣椒种子会随着鸟儿粪便四处散播。

辣椒的辣味是为了防止害虫啃食它。在非洲有些地区，人们还会把辣椒种在篱笆旁边保护农作物。因为辣椒散发出的强烈气味，能阻止大象接近篱笆围住的农作物。

胡萝卜

有人欢喜有人愁

胡萝卜味道浓郁，“个性”突出。作为一种神奇的作物，喜欢它的人恨不得天天都吃，讨厌它的人却连吃一口都觉得难以下咽。如此神奇的胡萝卜，都有哪些故事呢？

胡萝卜
Carrot

别　名：番萝卜、香萝卜等
类　别：伞形科胡萝卜属
起 源 地：中亚（阿富汗）
盛 产 地：中国、乌兹别克斯坦、俄罗斯、美国等

胡萝卜是我的最爱！好吃！

1

胡萝卜是世界上最重要的根茎类植物之一。野生胡萝卜的根部又苦又小，作为食物几乎没有吸引力，最初主要当作药用植物栽培。但经过人类几千年的栽培和驯化，胡萝卜已成为一种多用途蔬菜，既可以生吃，也可以煮熟后食用。

胡萝卜的花通常又小又白，有时带浅绿色或黄色。

2

胡萝卜起源于哪里呢？据史书记载和现代研究表明，栽培胡萝卜的第一个起源地为中亚，胡萝卜大约于公元前1000年被驯化。阿富汗被认为是胡萝卜最初的驯化地。

胡萝卜是两年生草本植物，第一年叶子产生大量的糖储存在根部，为第二年胡萝卜开花结果提供能量。

3

胡萝卜在阿富汗被驯化后，开始沿着东西两条线，逐渐传播到欧洲、地中海地区和亚洲等地。12 世纪时，西班牙开始种植胡萝卜，意大利、法国、英国等也逐渐种植胡萝卜。中国人大约在 13 世纪时开始栽培胡萝卜。17 世纪时，欧洲殖民者将胡萝卜带到了美国。到 18 世纪时，英国人又把胡萝卜带到了澳大利亚。

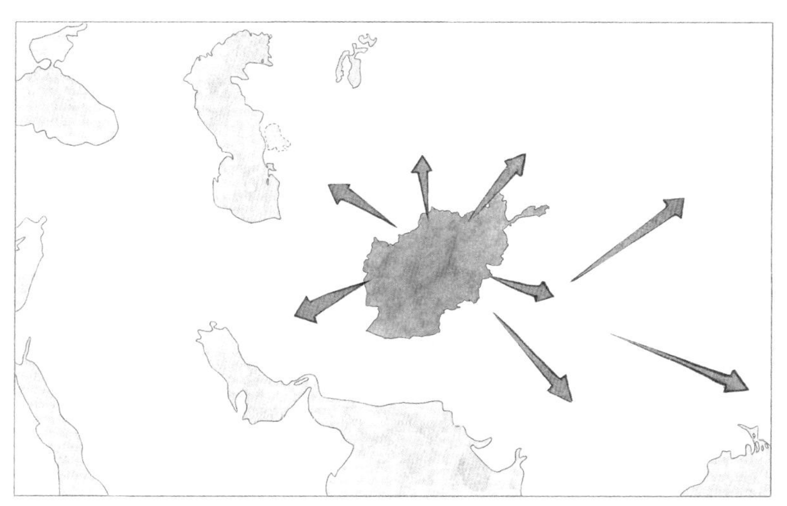

▲ 胡萝卜传播方向示意图

4

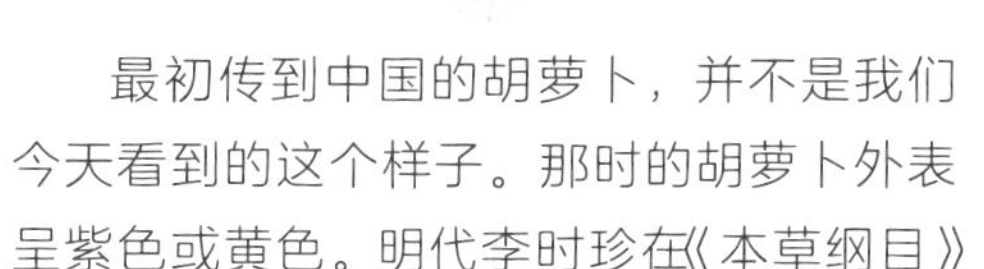

最初传到中国的胡萝卜，并不是我们今天看到的这个样子。那时的胡萝卜外表呈紫色或黄色。明代李时珍在《本草纲目》中记载：元朝时胡萝卜从胡地而来，气味和萝卜类似，所以叫“胡萝卜”。他还把胡萝卜称为“菜蔬之王”。

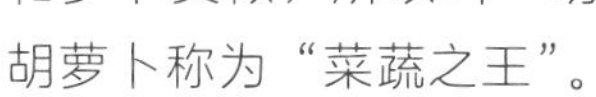

5

古罗马人食用的形似胡萝卜的根菜，其实是一种叫“欧防风”植物的根部。在历史上，欧防风和胡萝卜曾被混淆，直到植物学家卡尔·林奈做了系统的命名，它们的区别才被最终澄清。

6

野生胡萝卜主要是白色或淡黄色，人类最初驯化栽培的胡萝卜是紫色或黄色、白色。据说由于荷兰人酷爱橙色，但胡萝卜偏偏没有橙色，为了弥补遗憾，荷兰人通过不断培育，终于培育出了橙色胡萝卜。

7

在第二次世界大战中，胡萝卜从动物饲料和配菜变成了人们主要的食物来源之一。这是怎么回事呢？当时有传言说，英国皇家空军的成功是由于胡萝卜的功劳，连宣传画上都写着“吃胡萝卜能让你在夜晚停电时看得更清楚”。但实际上，这是他们为了掩饰飞机上装有秘密武器故意编的故事而已。

要想夜间视力好，那就多吃胡萝卜，信不信由你。

8

为了迎合市场需求，20 世纪 60 年代以来，胡萝卜种植变得更加标准化，颜色和规格都变得比较统一。在中国，橙色和红色依然是最受欢迎的颜色。而在欧美地区，紫色、淡黄、红色的胡萝卜正卷土重来，聪明的商家还把不同颜色的胡萝卜组成“彩虹胡萝卜”，以此吸引顾客。

南瓜

万圣节的主角

和很多蔬菜幼嫩的时候最好吃不同，南瓜是完全成熟后味道才最好。又大又圆的老南瓜像灯笼，像轮胎，又像月亮。它的营养价值丰富，晒干的南瓜子还可以嗑着吃。南瓜除了被食用，它在西方的万圣节和感恩节中也扮演着重要角色，你知道这是为什么吗？

南瓜
Pumpkin

别　名：番瓜、倭瓜、北瓜、金瓜等
类　别：葫芦科南瓜属
起源地：中美洲、南美洲
盛产地：中国、印度、日本等

1

南瓜是人类最早栽培的古老作物之一，关于它的起源地，一直以来颇有争议。但随着考古工作的大量展开，现在比较公认的说法是南瓜起源于中美洲和南美洲。已知最早的南瓜种子被发现于墨西哥东北部的一个洞穴里，距今已有9000年的历史了。

2

南瓜在印第安人的文化生活中起着重要作用。他们把南瓜放在篝火上烤熟后食用，将此作为主要食物，帮助他们度过寒冷的冬天。玛雅人把可可豆当作食物和货币，根据玛雅文献中的记载，当时4粒可可豆可以换1个成熟的南瓜，25个大南瓜就能换1个成年奴隶。

3

印第安人一般在溪流沿岸地带将南瓜和四季豆、向日葵一起栽培，这种套种的方式持续了很长时间，直到后来玉米替代了向日葵，与南瓜和四季豆形成了栽培传统，这三种作物并称前哥伦布时代美洲“三姐妹作物”，见证了印第安人的早期文化。

玉米为四季豆提供了天然的生长“格子棚”。

四季豆，也被称为菜豆，可以固定土壤中的氮元素来滋养玉米。豆藤也有助于稳定玉米秸秆，尤其是在有风的日子。

南瓜为玉米的浅根提供保护，可以防止地面杂草生长和保持土壤水分。

4

由于航海技术的不断发展，1492 年，哥伦布成功远航美洲，发现了新大陆，美洲与世界开始发生联系。南瓜耐储存，非常适合参加远洋航行，作为主要的美洲作物被欧洲探险者引种到了欧洲。

5

如果没有南瓜，早期许多的欧洲探险家很可能会饿死。北美英国殖民者还开创出一种吃南瓜的新方法，他们把南瓜的一端切掉，挖掉种子，用牛奶填充内部后烘烤，直到牛奶被吸收——这是美国南瓜派的雏形。现在南瓜派已成为很多国家万圣夜的节庆食品。

7

11 月 1 日万圣节是一些西方国家的重要节日，南瓜灯（也叫“杰克的灯笼”）似乎成了万圣节的第一主角。但最初的“杰克的灯笼”用的是挖空的萝卜，后来欧洲人发现南瓜无论在个头还是在便于雕刻方面都比萝卜更胜一筹，于是南瓜灯开始流行。在西方传说里，这种南瓜灯可以驱邪避鬼。

6

欧洲探险者把南瓜种子带回欧洲后，由于欧洲气候凉爽，很适合南瓜生长，引种后得到迅速普及。但南瓜最初并非作为人类食物，而是主要被用于饲料、入药和庭园观赏。

8

1620—1621 年之交的冬天，刚移民到美国的清教徒们遇到了难以想象的困难，多亏了心地善良的印第安人给移民送来了生活必需品，还教他们狩猎、捕鱼和种植南瓜、玉米。为了感谢印第安人的帮助，丰收后的移民邀请他们一起庆祝佳节，南瓜成为宴会中的重要食物，感恩节由此而来。

9

16 世纪上半叶，伴随着海上贸易，包括南瓜在内的一些美洲和欧洲的农作物传入柬埔寨、菲律宾、日本等亚洲国家。大约在同一时期，南瓜传入中国。因为是南边来的瓜，因此取名“南瓜”；有人误以为南瓜来自日本，取名“倭瓜”。现在亚洲多国均盛产南瓜，中国更是世界上最大的南瓜生产国、出口国和消费国。

四季豆

豆科家族的超级宠儿

四季豆是全世界人民都很爱吃的一种蔬菜。由于四季豆皮厚肉多，炒菜时不易入味，所以人们常用“油盐不进四季豆”来形容个性倔强、听不进劝的人。

四季豆有微毒，一定要彻底做熟后才能吃。

四季豆
Green bean

别　名：菜豆、架豆、芸豆、刀豆、扁豆等
类　别：豆科菜豆属
起源地：南美洲
盛产地：美国、法国、中国等

1

与许多起源于美洲的作物一样，安第斯山区也是四季豆的故乡。人们根据考古遗存发现，至少在距今 6000 多年前，当地人就已经开始栽培四季豆了。

豆类植物的驯化十分艰难。野生豆类原始祖先的豆荚一般又硬又小，出于传播种子的自然需要，一成熟就会炸裂开来，使包裹在豆荚里的种子弹射出来，这对采集种子的人们来说实在太不友好了。

2

人们驯化了四季豆后，一开始也只是少量栽培，后来才逐渐变多。在地理大发现到来之前，四季豆已经遍布美洲，是当地的一种粮食作物，成为与玉米、南瓜并列的“三姐妹作物”之一，深受印第安人欢迎。

3

到了 16 世纪初期，四季豆传入了欧洲。欧洲自古有种豆食豆的传统，所以四季豆很快就受到了当地人的欢迎，并迅速传播开来。这一点，可比同样出身于美洲的土豆、番茄等作物要幸运多了。

4

大概在 16 世纪末时，四季豆传入中国。在 17 世纪时，中国僧人远渡重洋赴日本传播佛教时，把四季豆带了过去。但明朝时期的古籍里似乎没有关于四季豆的明确记载。到了清朝的《植物名实图考》里，已经有了四季豆的逼真图画。这期间，四季豆渐渐传遍了中国，包括偏远地区。

5

18 世纪时，四季豆传到了俄罗斯，到了这时，四季豆已经遍布欧洲。如今，四季豆也是欧洲人最喜欢的蔬菜之一。只不过，相比中国人喜欢把四季豆炒着吃，欧洲人更爱把四季豆做成速冻和罐头食品。

6

四季豆作为一种豆科植物，能与固氮根瘤菌互利共生，是一种比较好养的蔬菜，对土壤也有好处。在四季豆所属家族里，还有很多能当蔬菜食用的豆类，比如扁豆、豇豆、油豆、荷兰豆、豌豆等。这些你都吃过吗？

7

如今，四季豆作为一种备受欢迎的豆类蔬菜，在全世界豆类蔬菜的栽培面积中仅次于大豆。从美洲大陆上起源的这种作物，与它的诸多“老乡们”，为丰富人类的饮食做出了重要贡献。

莲藕

神奇的水生蔬菜

莲藕
Lotus root

别　名：莲菜、玉节、玉玲珑、灵根等
类　别：莲科莲属
起源地：东亚（中国）、南亚（印度）
盛产地：中国等

在植物界中，也许没有哪一种植物，能比莲更加“秀外慧中”了。论样貌，片片莲叶，端庄大气；朵朵莲花，摇曳生辉。论果实，莲子清甜可口，莲藕或糯或脆，都是美味。作为蔬菜的莲藕是莲的根茎，相比莲花和莲子，显得默默无闻。

1

一般认为，莲藕起源于中国或印度。莲藕和发端于古印度的佛教渊源深厚，很多苦行僧修行时就吃莲藕，莲花还是佛教的圣花。

2

中国关于莲藕最早的书面文字记载，可追溯到距今已有2000多年的《诗经》中。而在中国的考古发现中，也找到了不少莲藕的遗存古迹，比如湖南省长沙市的马王堆汉墓里曾出土莲藕片，河南省郑州市的仰韶文化遗址里出土了2粒5000年前的莲子，在浙江省余姚市的河姆渡文化遗址里还发现了莲的花粉化石。

这个花儿好漂亮，能吃吗？

3

莲浑身是宝，莲花可以观赏，莲子可以食用和入药，莲藕是健康食材。唐朝时，人们主要关注的还是莲花和莲子，宋朝时人们已把莲藕当果品食用。随着时代的推进，莲藕的食用和药用功能不断被挖掘出来。

予独爱莲之出淤泥而不染，濯清涟而不妖。

5

莲花被誉为“花中君子”，偶尔还会开出并蒂花朵来，也就是一茎多花，这种现象被视为吉兆，人们把这样的莲花称为瑞莲或嘉莲，早在2000多年前的古籍里就有相关记载。

4

作为人们日常生活中重要的水生作物之一，关于莲的诗词歌赋，可以说数不胜数。《汉乐府·江南曲》中曾写：“江南可采莲，莲叶何田田。鱼戏莲叶间，鱼戏莲叶东，鱼戏莲叶西，鱼戏莲叶南，鱼戏莲叶北。”宋朝周敦颐的《爱莲说》更是流传千年的佳作。

水果作物

试想一下，如果没有水果，世界将会怎样呢？

可能人类历史还没有开始就要结束了，这可不是夸大其词，要知道，原始人一开始就是依靠采摘野果果腹，后来才开始了狩猎和耕种。

水果富含人体需要的重要营养物质，例如维生素、膳食纤维等。水果还因为含有较多的糖分和水分，往往有着甜美多汁的口感，备受人们喜爱。

在这一章里，你会见到最有故事的水果、最有仙气的水果、世界上最年轻的水果、最具“中国风”的水果、夏季水果之王、完美水果、长在树上的矿泉水、还有“剪不断，理还乱”的水果家族……

想知道它们分别是什么，都有哪些传奇曲折的起源和传播过程呢？走，我们一起去看看吧！

苹果

最有故事的水果

苹果是世界上最重要的水果之一，哪怕你不爱吃苹果，应该也听过“一日一苹果，医生远离我”这类谚语。野生苹果在漫长的历史发展中，通过人类有意无意的选择，如今已有 7500 多种后代——颜色有红有绿，口味有甜有酸，让人挑花眼。

苹果

Apple

别　名： 智慧果、平波等

类　别： 蔷薇科苹果属

起 源 地： 东亚（中国）

盛 产 地： 中国、美国、伊朗等

1

新疆野苹果是现代栽培苹果的祖先，它向西与欧洲苹果基因融合形成西洋苹果。2017 年，科学家们通过基因测序，找到了苹果的确切故乡——中国新疆伊犁。如今，在中国新疆维吾尔自治区、哈萨克斯坦部分地区仍有大量野苹果，其学名叫新疆野苹果。

2

野苹果味道并不算好，要想驯化它可比别的植物难多了。因为苹果的基因很难稳定遗传，所以即便找到了味道很好的苹果，它的每粒种子长大后结出的果实味道也会发生变化，通常更难吃。

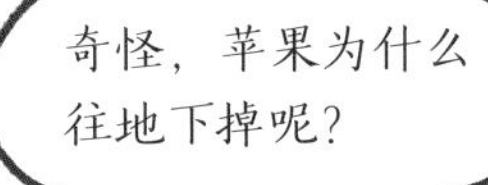

3

幸好，聪明的祖先们发明了嫁接的种植技术，解决了这个难题。2000 年后的今天，这种技术仍被广泛应用。

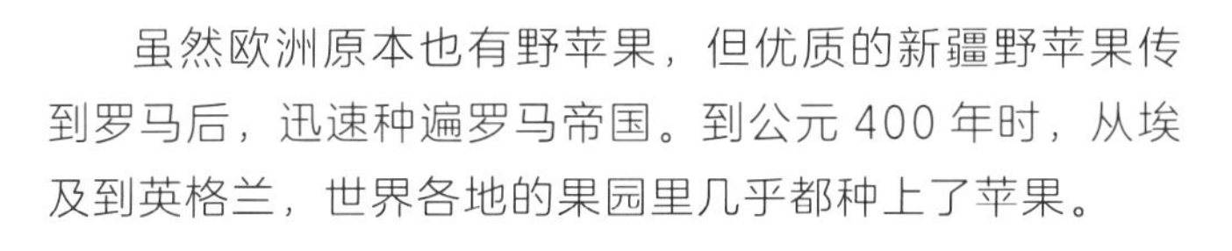

5

虽然欧洲原本也有野苹果，但优质的新疆野苹果传到罗马后，迅速种遍罗马帝国。到公元 400 年时，从埃及到英格兰，世界各地的果园里几乎都种上了苹果。

6

直到 16 世纪时，随着第一批殖民者踏上美洲大陆，苹果才抵达美洲，它又顺利俘获了美洲人的心。据说，有一个名叫约翰·查普曼的人非常喜欢苹果，他用船载着苹果种子，沿着美国的主要水道旅行，沿途开辟了很多苹果园，并衍生了许多苹果品种，由于这些贡献，他被人们誉为“苹果佬”。

4

公元前 300 多年，新疆野苹果传到了希腊，这要归功于亚历山大大帝。在东征途中，他在今天的哈萨克斯坦第一次见到新疆野苹果，品尝后非常喜欢，便把它的种子和插条运回了希腊，还让老师亚里士多德好好研究。

7

中国至少已有 2000 年的苹果栽培史。在湖北省江陵县望山战国墓里曾经出土过苹果及其种子的遗存，这很可能就是中国苹果栽培史上悠久的本地产苹果——绵苹果，它的个头小、果肉软。如今已几乎看不到绵苹果了。1871 年，美国传教士将西洋苹果引进了山东烟台，它比绵苹果的个头更大、味道更好。慢慢地，绵苹果被西洋苹果取代了。如今，大多数中国人最爱的品种是来自日本的甜脆红富士。

桃子

最有仙气的水果

桃子
Peach

别　名：桃实、肺果等
类　别：蔷薇科桃属
起源地：东亚（中国）
盛产地：中国、美国、西班牙等

桃子是一种很特殊的水果。它美味又健康，素有“桃养人”的说法。桃子可以说是所有水果里最有仙气、最有文化的。神话传说中王母娘娘的蟠桃、陶渊明笔下的桃花源，就连中国第一部诗歌总集《诗经》中也常常描述桃和它的花朵。

桃树先开花，后长叶，几乎每个公园都离不了“桃红柳绿”的点缀。

果桃的花多为红色单瓣，**花桃**的花多为复瓣（颜色有白、粉红、红白相间等）。

1

无论是多汁可口的水蜜桃，还是光滑甜脆的油桃，都深受人们喜爱。桃子的故乡在哪里呢？答案就是中国。在中国西南部的雅鲁藏布江峡谷里，至今仍生长着大片的桃子祖先——光核桃。光核桃结的果子小又多毛，味道还有些苦。当地人虽然不吃它的果实，但会用它的种子来榨油。光核桃的花非常好看，映着雪山美极了。

2

桃子是古人最早利用的水果之一。在浙江省余姚市河姆渡的新石器时代遗址里，考古学家们发现了六七千年前的野生桃核。在河北省藁（gǎo）城台西村还曾出土过距今3000多年的桃核，跟如今栽培的桃相同。这说明至少在3000年前，人类就已经驯化了光核桃。

3

如今，桃主要可以分为果桃和花桃两类。果桃用于吃，花桃用于赏。人们最开始栽培的是果桃，在漫长的历史中，又选育出了以观赏为主的花桃，大约在唐代就有了重瓣的千叶桃。

4

无论是《诗经》里的名句“桃之夭夭，灼灼其华”，还是陶渊明笔下的桃花源，桃在古代都象征着美好，被赞为“神木”，还形成了独特的“桃文化”。比如，古人会在桃木板子上刻门神的图像，挂在门上用来辟邪，祈祷吉祥如意。

5

桃子是如何走向世界的呢？公元前 2 世纪时，沿着联通亚欧大陆的古路，桃子从中国传到了波斯。后来，桃子经过波斯传入欧洲。直到公元 9 世纪时，欧洲的桃树才逐渐多起来。因此，欧洲人一开始把桃子称为“波斯果”。

6

1000 年后，桃子种遍了亚欧大陆，连欧洲贵族的皇家果园里都种上了桃子。15 世纪末，西班牙探险家将它引入如今的美国南部，那里的环境非常适合桃子生长。很快，美味的桃子征服了美洲原住民，整个东海岸都种上了桃树。

桃子一般在夏季成熟，闻起来很香，汁液甘甜爽口。

7

美国第三任总统托马斯·杰斐逊特别喜欢桃子，他曾用了仅一年时间，在自己的果园里种下了上千棵桃树。他和随从们开发了很多种吃桃子的方式——派、蛋糕，有些桃子还能用来酿酒。

桃子的颜色有很多种，比如粉绿、淡黄、玉色、红色、红白相间等。

8

如今，全世界约有 3000 多种桃子，光中国就有超过 1000 个品种。这么多种桃子，油桃还是酸桃？脆桃还是软桃？圆桃还是扁桃？总有一款适合你。

梨

“全面发展”的水果

梨

Pear

别　名：快果、玉乳、蜜父等

类　别：蔷薇科梨属

起 源 地：亚洲温带地区、欧洲温带地区

盛 产 地：中国、阿根廷等

梨是非常古老的水果，营养丰富，脆甜多汁。在中国古代，人们还把梨尊称为“果宗”，意为所有水果之母，可见其分量之重，洁白的梨花还被写进了许多文艺作品里。在今天热闹的水果大家族里，样貌朴素、价格实惠的梨仍然很重要。

1

野生的梨最初分布在亚洲、欧洲等地的温带地区。由于山脉的阻隔和气候条件的差异，逐渐演化为东方梨和西洋梨两大类，并形成了世界栽培梨的三大起源中心——中国中心、中亚中心和西亚中心。其中，东方梨又被称为中国梨。我们今天常吃的栽培梨包括雪花梨、皇冠梨、库尔勒香梨、丰水梨等，这只是梨这个人家庭中的一部分。

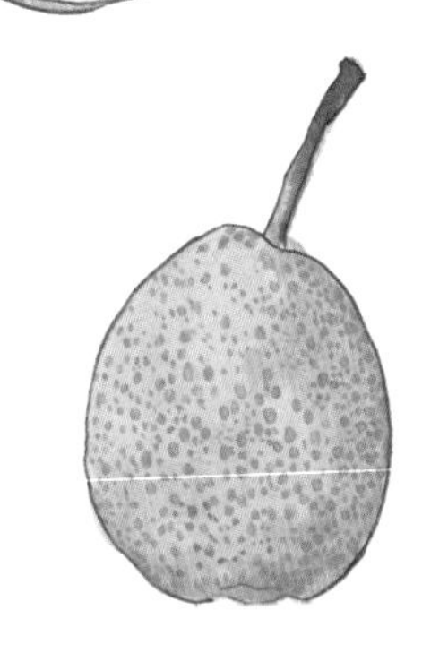

雪花梨

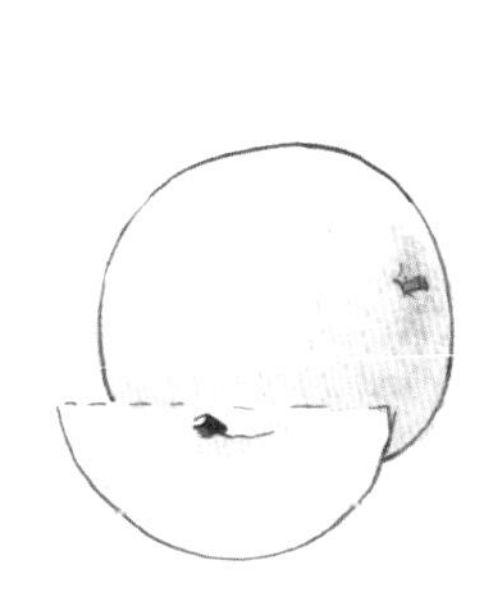

皇冠梨

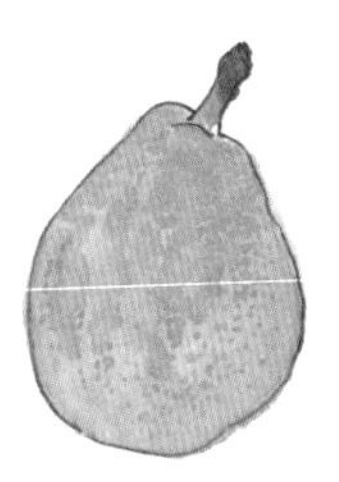

库尔勒香梨

丰水梨

2

早期的梨又小又酸，苦涩难咽，古人曾把它称作“樆”。约在 2500 年前的周秦时代，我国就已经开始了梨的经济栽培。在北魏时期贾思勰所著的《齐民要术》里，记载的梨品种已有 18 个，有单个梨甚至重达 1.3 千克，口感还很脆甜。

3

你听说过“孔融让梨”的故事吗？你有没有想过，为什么孔融让的是梨，而不是苹果呢？这是因为在孔融生活的时代，中国土生土长的水果里，要数梨的滋味最好，那时的苹果还难吃得很，口感更像山楂。

4

随着与国外的交流逐渐增多，中国梨传到了国外。在唐代玄奘所著的《大唐西域记》里，就记载了中国梨传入印度的经历。据说，生活在甘肃一带的人们去印度经商时把梨树当作礼物带了过去，梨树从此在印度开花结果，很受印度人喜爱。好客的印度国王伽腻色加亲自把一株梨树命名为“汉王子”树。

5

中国梨传入日本大概是在日本明治时期。19 世纪以来，中国梨传到了欧美各地，但那时主要被当成观赏花木。有趣的是，美国从中国引入中国梨品种用来改良西洋梨，有效抑制了西洋梨火疫病的发生和传播。

6

西洋梨是欧洲最古老的果树之一。在罗马帝国的全盛时期，西洋梨的栽培已推广到欧洲西部及中部地区。法国的气候最适合栽培西洋梨，所以早在 17 世纪初，法国就有了很多优良品种。大概在 19 世纪末，西洋梨经海陆两路传入了中国。

7

对于中国人而言，梨所贡献的远不限于它的果实。梨花洁白如雪，特别好看；梨木坚硬，被用来做建筑材料、制作家具和造船。人们还会用梨木做砧板和雕刻材料，就连古代的雕版印刷也用梨木当材料。

梨还渗入了中国的文化里，如用来形容艺术的“梨园”。梨园是唐代中期皇宫御园中的一个果园，唐玄宗爱好歌舞戏曲，自选乐师与宫女，在梨园中训练，还亲自培训指导。因为第一个戏曲班子建立在梨树果园中，所以后世戏曲行当就被称为“梨园行”。

葡萄

甜滋滋的水晶明珠

葡萄是世界上最古老的水果之一。它酸甜多汁，又被称为草龙珠、蒲桃，还有个很好听的名字叫“水晶明珠”。无论是直接生吃，还是酿酒或做成葡萄干，葡萄的滋味永远都那么诱人。

葡萄
Grape

别　名：草龙珠、蒲桃等
类　别：葡萄科葡萄属
起源地：欧洲、西亚、北非
盛产地：中国、意大利等

1

根据考古发现的葡萄叶和葡萄种子的化石证据，葡萄的起源可以追溯到 2300 万年前。人们认为，葡萄是世界上栽培历史最悠久的水果之一，野生葡萄在北半球很普遍。

2

有关葡萄栽培的证据，目前发现最早的是公元前 2400 年古埃及的一处墓穴壁画，壁画上描绘了葡萄酒的生产过程——有人在摘葡萄，有人在桶中挤压葡萄……人们猜测，应该是古人偶然发现了野生葡萄，用它酿出了原始的饮料，就像其他作物一样，葡萄慢慢被人类驯化。

3

公元前 3 世纪时，罗马人从希腊人那里学会了种葡萄和酿葡萄酒的技术，他们爱极了葡萄。随着军事实力的提升，他们在征服欧洲的同时，也将葡萄种植于整个罗马帝国。

4

中国种葡萄的历史也很悠久。新疆吐鲁番种葡萄的历史能追溯到春秋战国时期。大约在汉朝时，张骞从这里把葡萄等异域植物的种子带回了中原。中原地区的人们从汉朝起就开始种葡萄了。

5

张骞虽然带回了葡萄，却没有带回酿葡萄酒的技术，所以中国人的葡萄酒狂欢就推迟到了唐代。诗仙李白生逢其时，他酷爱葡萄酒，曾在诗中记下“蒲萄酒，金叵（pǒ）罗，吴姬十五细马驮”。

6

新大陆的葡萄栽培记录最早可追溯到 15 世纪晚期，这时已经出现了北美洲本地的葡萄品种。不过，殖民者从欧洲带来了他们更喜爱的葡萄品种，人们开始将这种从欧洲来的葡萄与本地品种进行杂交。

7

如今，全世界已经有超过 1 万个葡萄品种。葡萄的颜色和用途有很大区别：有的青，有的紫，有的红；有的用来吃，有的用来酿酒或做成葡萄干。

8

葡萄除了生吃、酿酒外，还有一种很美妙的吃法——吃葡萄干。风干了的葡萄，虽然没有了光泽、不再圆润，但滋味更加醇厚，而且更便于运输和存储。在物流不够发达的时代，如果吃不上新鲜的葡萄，葡萄干便是绝佳的替代品，深受男女老少的欢迎。

9

葡萄果实成串多粒，一颗种子就能结出很多果子，被中国人视为吉祥、美满和幸福的象征。古往今来，石雕、玉雕、瓷器等工艺品中，经常能见到葡萄的图案和纹饰。

10

直到今天，葡萄仍然是人们生活中很重要的一种水果。酷热的夏天，葡萄架下是绝佳的乘凉处。在中国新疆，当地人仍沿袭着数千年来的传统，将葡萄当作重要的经济作物。

樱桃

早春第一果

“才貌双全”的水果里，一定少不了樱桃的身影。由于出挑的美貌，樱桃还被当作一种观赏性水果。人们常说：“樱桃好吃树难栽，不下功夫果不来。”美味的樱桃值得精心培育，它背后的故事也很精彩。

樱桃
Cherry

别　名：莺桃、玉桃、梅桃、含桃、朱樱等
类　别：蔷薇科李属
起 源 地：西亚、东亚（中国）
盛 产 地：智利、美国等

1

广义上的樱桃，所指范围很大。我们常说的樱桃是指中国本土产的樱桃，个头小；大樱桃则是中国栽培的欧洲甜樱桃，即“中国版车厘子”；而车厘子，则是指欧洲甜樱桃。

车厘子颜色暗红，个头大，果肉厚，果皮硬。

大樱桃颜色鲜红，味道偏酸甜。

樱桃原产于中国。

我们常常看到的樱花树跟产果供食用的樱桃树可不是一回事呀！

2

樱桃是很受中国古人喜爱的一种古老果树，它也是落叶果树中果实成熟最早的一种，所以又叫“早春第一果”。人们驯化樱桃的历史较早，在河北省藁城的商代遗址里，曾经出土过樱桃种子，考古学家们还在湖北省江陵县战国望山墓中发现了樱桃核。

3

也许是因为樱桃成熟较早，加上形状圆润，颜色好看，非常招人喜欢，所以很早就受到重视并被当作祭品。从汉代开始，皇帝还用樱桃来赏赐大臣。唐太宗李世民还做了首《赋得樱桃》的诗来赞美樱桃。

昔作园中实，
今来席上珍。

4

樱桃是亚寒带地区的重要果树，在西方的栽培历史也非常悠久。公元前 3 世纪的古希腊植物学家在《植物志》中就记载过樱桃，这种樱桃原产于欧洲黑海沿岸和亚洲西部。

5

欧洲甜樱桃和酸樱桃都原产于西亚地区。这两种樱桃都是在两千年前被驯化的。公元 1 世纪的老普林尼曾在书中提到有 8 个不同的樱桃品种，那时樱桃在罗马就已经非常受欢迎了。

太好了，这株
果子真好！

6

随着欧洲殖民者的登场，美洲大陆也种上了来自欧洲的樱桃。定居在纽约的法国殖民者在那里种下了数千颗品质上乘的法国品种的樱桃核，在圣劳伦斯河沿岸开辟出巨大的樱桃园。后来，美国农民开始培育这种新品种的欧洲水果。备受美国人喜爱的“冰樱桃”，就是由美国当地的苗圃主亨德森·雷凌培育出来的。

7

从 19 世纪后期开始，中国开始引种欧洲甜樱桃，还有原产于北美的沙樱桃。欧洲甜樱桃引入中国的时间和西洋苹果引入的时间差不多，巧的是，这种樱桃也是最开始引入山东烟台等沿海地区。如今，山东烟台的苹果和樱桃名气都很大。

猕猴桃

世界上最年轻的水果

“利用”人类对食物的喜好，猕猴桃这种起源于中国的水果，从湖北宜昌的大山里，跨越赤道，来到南半球的陌生国度新西兰，成为新西兰的国果。返回中国后，它有了一个新的名字——奇异果，变成了一种让人既熟悉又陌生的水果。

猕猴桃
Kiwi fruit

别　名：奇异果
类　别：猕猴桃科猕猴桃属
起源地：东亚（中国）
盛产地：新西兰、智利等

1

100 多年前，英国的“植物猎人”亨利·威尔逊受英国一家苗圃的委托，远赴中国的长江三峡，去寻找野果。他沿着峡谷溯流而上，历尽各种艰难险阻，有一种野果吸引了他的注意。这种野果在南方叫“羊桃”，但今天，被人们所熟知的名字是“猕猴桃”。

2

威尔逊带着猕猴桃的果实回到长江岸边的宜昌，随后把猕猴桃的种子寄往了英国和美国。遗憾的是，这些种子培育出来的猕猴桃全是雄株，无法结出果实。

3

有一个人被威尔逊分享的这种美味水果征服了，她就是新西兰人伊莎贝尔。1904 年，伊莎贝尔把猕猴桃的种子带到新西兰，交给了当地的果农。很幸运，伊莎贝尔这次带回来的种子里，既有雌株，又有雄株。1910 年，在新西兰旺加努依的一个果园中，当时被称作“中国鹅莓”的藤本植物，终于结出了果实。

猕猴桃是典型的藤本植物，需要依附他物才能向上攀援。它不停地向上爬，争抢密林里稀缺的阳光资源，以便能更好地进行光合作用。

猕猴桃富含维生素和矿物质，营养价值很高，又被称为“生命之果”。

4

一开始，猕猴桃只是在植物爱好者们之间传播。经过新西兰人不断地驯化和培育，猕猴桃的品种越来越多，味道也变得更加酸甜诱人，但不耐储存。后来，当地人海沃德·怀特经过不断选育，在1928年终于培育出了果形好、口感好，而且特别耐储存的猕猴桃新品种。新西兰的猕猴桃产业从此大获成功，并逐渐走向世界。1952年，猕猴桃从新西兰首次出口。如今，新西兰的猕猴桃产量约占全球总量的三分之一，中国作为猕猴桃的原产地则成了新西兰最大的销售市场。

猕猴桃是一种典型的雌雄异株的植物，需要通过授粉后才能孕育出果实。

5

从20世纪70年代开始，猕猴桃陆续在欧洲、美洲、亚洲的一些国家被商业栽培，中国的猕猴桃产业也得到了大力的发展。猕猴桃成功实现了远征，只用100多年的时间就俘获了全球无数人的心，成了世界上最年轻的水果。

新西兰全年没有极端低温，春季也没有霜降，土壤疏松透气，有机质含量高达10%，是猕猴桃生长的乐园。

柑橘家族

剪不断，理还乱

柑橘家族在全球的水果市场上占有重要地位。这个家族不仅成员多，而且成员在大小、形态、口感方面都有很大差别，比如柠檬和柚子；有的成员又很相似，比如橘子和橙子。柑橘家族到底有多少成员呢？这太难统计了，毕竟它们随便杂交就能形成新品种。

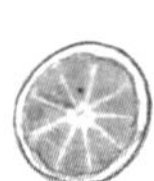

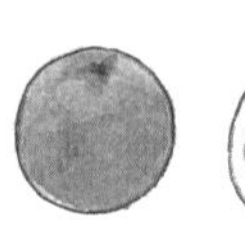

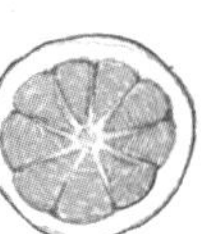

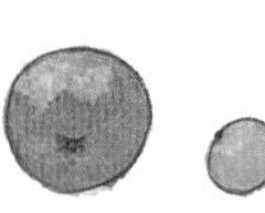

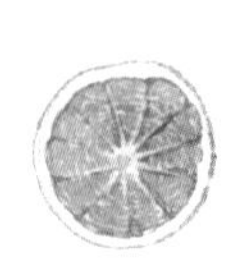

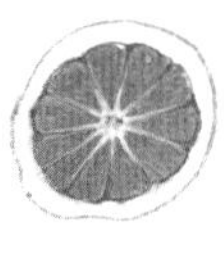

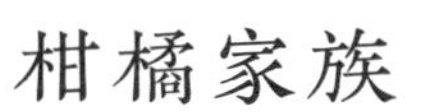

柑橘家族

Citrus

成　员：橙子、宽皮橘、柠檬、柚子等
类　别：芸香科柑橘属
起源地：东亚（中国）、南亚（印度）
盛产地：中国、巴西、美国等

1

谁才是柑橘家族的祖先呢？植物学家们反复研究，勉强达成共识——香橼（yuán）、柚子和宽皮橘是柑橘家族中的三位祖先。这三位祖先都很有个性，它们最初生长在喜马拉雅山脉的东部森林里。

香橼被认为是三位祖先中最年长的种类，皮特别厚，厚度通常会超过果实的一半，能吃的部分实在太少，味道还十分酸涩，人们会把它做成果脯、蜜饯等。佛手是香橼的一个栽培变种，它的果实要么有裂纹如拳，要么张开如指，形状奇特，像个“多手怪”。

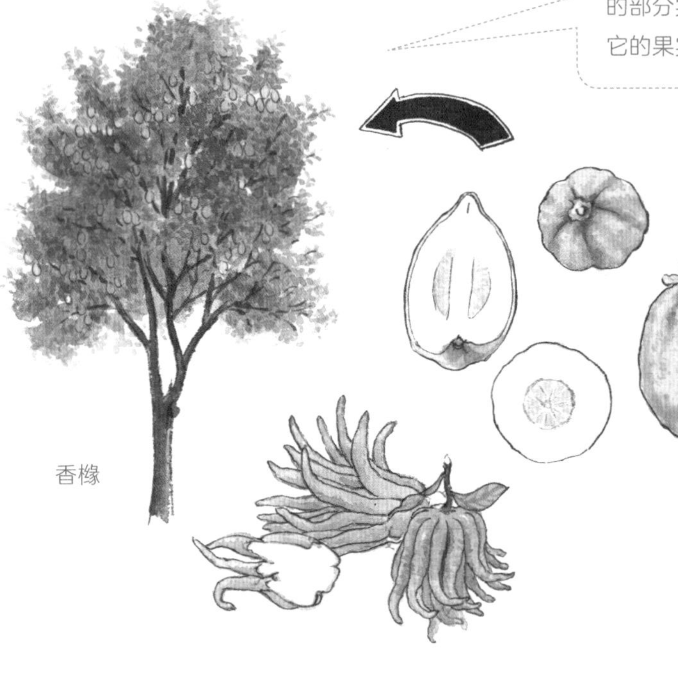

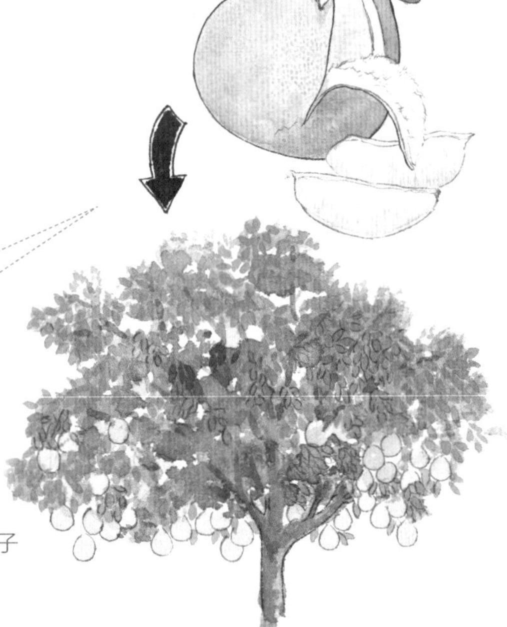

宽皮橘

柚子个头大，果肉呈淡黄色，相比香橼，柚子的果肉能吃的部分要多很多。它的果肉水分饱满，而且耐储存，有人还把柚子比喻为天然水果罐头。但徒手扒柚子皮可不是件容易的事。

相比香橼和柚子，另一位祖先**宽皮橘**的果皮则平易近人得多，它的果皮正如其名，十分宽松，果肉多汁饱满，我们日常吃的广柑、橘子就是宽皮橘。

2

以这三位祖先互相天然杂交为开端，柑橘家族逐渐壮大。人们发现，它们杂交的后代大概遵守这些规则——个头随“双亲”中更小的那一个、果实形状趋于中间值、糖分趋于中间值。所以，宽皮橘和柚子杂交出了橙子，柚子和香橼杂交出了来檬……

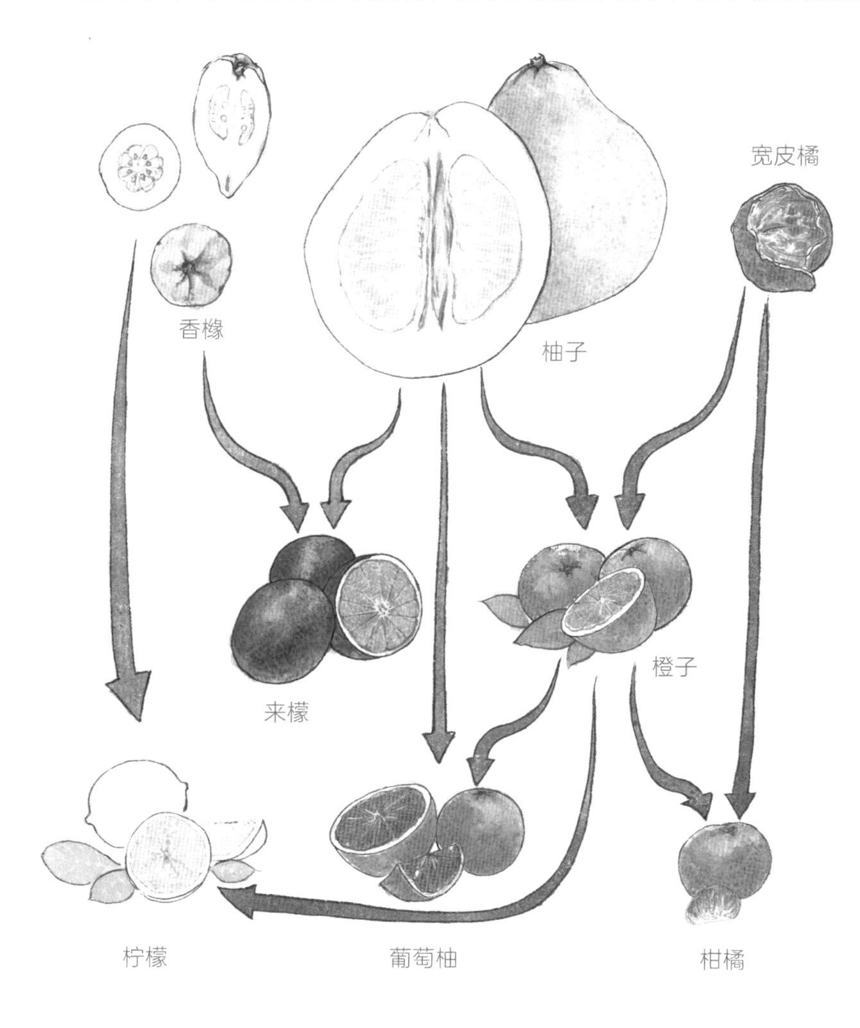

3

作为柑橘家族的主要原产地之一，中国早在 4000 多年前就开始栽培这个家族的成员了。2000 多年前，著名诗人屈原就写下了《橘颂》来称赞橘树。在南宋时期，中国人还写出了《橘录》，对柑橘家族进行了系统梳理。

4

柑橘家族一路向西传播，留下了不少传奇色彩。公元前 2 世纪，香橼在以色列被犹太人当成了神的象征；多亏了富含维生素 C 的柠檬，库克船长的数次远航没有一位船员因为坏血病而亡；葡萄牙人在 14 世纪时把橙子带回了欧洲，种满了地中海沿岸；1493 年，哥伦布把橙子带到美洲，由此拉开了柑橘家族登陆美洲的大幕。

5

柑橘家族之间的关系超级混乱，举个例子：人们原以为葡萄柚是柚子引入美洲后天然变异产生的新品种，后来才发现是橙子和祖先柚子杂交后形成的。那它为什么叫葡萄柚呢？只不过是因为那累累果实挂在枝头，像极了葡萄。

6

自然界就是如此神奇，柑橘家族用千变万化的滋味和品种，俘获了人们的胃口。柑橘家族也借助人们的力量，通过人工杂交和新的科技手段来培育新的品种，其家族扩张史堪称野蛮。

甜瓜家族

一大波瓜袭来

吃瓜是一件美妙的事。我们平时吃的羊角蜜、哈密瓜、白兰瓜、蜜露瓜、伊丽莎白瓜……虽然果形和果肉不尽相同，但本质上它们都是同一种瓜——甜瓜。甜瓜家族里又有很多变种，绝对算是“瓜丁兴旺”的大家族。

甜瓜家族
Muskmelon

成　员：香瓜、哈密瓜、羊角蜜等
类　别：葫芦科黄瓜属
起源地：东非（埃塞俄比亚）
盛产地：中国、美国等

庞大的甜瓜家族

1

据说，甜瓜起源于非洲埃塞俄比亚高原及其毗邻地区，大约在4000多年前，可能是在两河流域被人类驯化、栽培。后来，甜瓜随着人类的脚步在全世界扎根。

2

甜瓜在我国的栽培历史十分悠久，至少有2000年的历史了。《诗经》里的“中田有庐，疆埸有瓜”，描绘的是先秦时代人们在田埂上种甜瓜的情景。就连《太平广记》里都记载说甜瓜让皇帝魂牵梦萦，是汉代宫廷的“宠儿”。

3

最原始的甜瓜很苦，这种苦味甜瓜有通便作用，能让动物把吃掉的种子快速排出来，这是植物的一种繁衍策略。在漫长的进化过程中，人类对甜瓜甜度的追求是甜瓜进化的最大动力。经过一代又一代“吃瓜群众”的努力，甜瓜不但果肉越发香甜，有的薄皮甜瓜连外皮都能吃了！

4

虽说甜瓜的外形以圆和椭圆为主，但千瓜千面，不同种类的甜瓜颜色不同、斑纹不同。甜瓜家族十分庞大，好在它们可以简单地分为两大类——东方的薄皮甜瓜和西方的厚皮甜瓜。薄皮甜瓜果实较小，厚皮甜瓜果实比较大。

5

还有种简单的分类方法，可以按季节分为夏季甜瓜和冬季甜瓜两大家族。夏季甜瓜的特点是果香浓郁，一般有坚韧或带网纹的外皮，比如罗马甜瓜、哈密瓜等；冬季甜瓜的特点是果香清淡，一般有平滑的外皮，比如蜜露瓜、卡萨巴甜瓜。

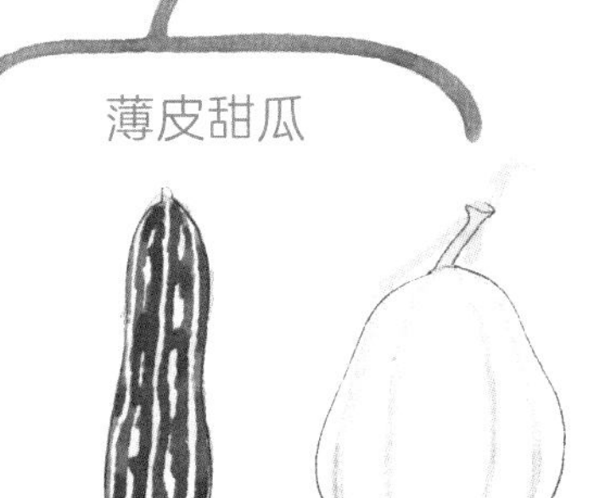

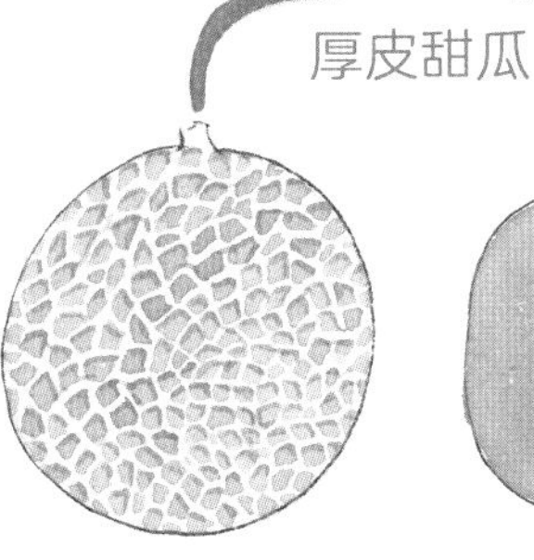

6

爱吃瓜的群众们在吃瓜之道上也有很多创举，你知道吗？生火腿佐蜜瓜是一道经典的意式前菜，用哈密瓜的甜味淡化意大利熏火腿的咸味。虽然听上去有点怪，但味道实在美妙。

7

若论“瓜中贵族”，当数日本北海道的夕张蜜瓜，它堪称日本最贵的水果，普通品质的也要卖上千元人民币，味道非常甜美。日本札幌每年都会举行“夕张蜜瓜拍卖会”，来自世界各地的买家纷纷争抢顶级的“夕张蜜瓜之王”。有一年，两个夕张蜜瓜的成交价近 18 万人民币！

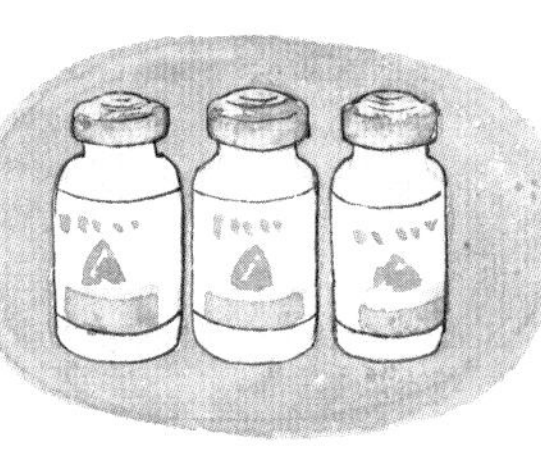

当时，科学家们还雇用了一位女士整天去菜市场、奶酪店、面包房搜集各种发了霉的物品，以至于这位女士被当地人尊称为“霉菌玛丽”（Moldy Mary）。

8

可千万别小瞧甜瓜！在第二次世界大战期间，急缺用于消炎的青霉素。科学家们发现能分泌出青霉素的青霉菌极少见，于是广泛征集霉菌样本。1943 年，一只发霉的甜瓜闪亮登场了。这些“爱吃瓜”的霉菌能产生大量青霉素，科学家们通过菌种改良，最终用量产的青霉素挽救了无数生命。

西瓜

夏季水果之王

吃什么都索然无味的炎炎盛夏，唯有西瓜可以唤醒大家麻木的味蕾。吃下一块西瓜，甘甜爽口的汁水在口中飞溅开来，既消暑，又解渴。不夸张地说，夏天就是西瓜的季节，西瓜是当之无愧的“夏季水果之王”。

西瓜
Watermelon

别　　名：西瓜、寒瓜、水瓜、夏瓜等
类　　别：葫芦科西瓜属
起 源 地：中非、南非
盛 产 地：中国、土耳其等

渴死我了，赶紧吃个西瓜解解渴！

1

多数学者认为，西瓜起源于非洲中部和南部。西瓜的栽培历史十分悠久，古埃及人 4000 多年前就吃上了西瓜。在那时的埃及古墓中出土的西瓜子、瓜叶残片，以及墓壁上雕刻的西瓜图案，也证实了这一事实。

2

如果让你穿越到几千年前的埃及，你可吃不到什么好吃的西瓜。那时的西瓜不仅个头很小，而且味道不是苦就是索然无味。尽管不好吃，但由于非洲经常干旱缺水，含水量丰富的西瓜成为大象、猴子等野生动物，以及当地人重要的水分来源。

3

随着商旅贸易的往来，以及古埃及被古罗马帝国征服，西瓜开始向东和向北扩散。公元前 5 世纪，西瓜经地中海向西传入古希腊及古罗马；随后向东传入印度。公元前 1 世纪，西瓜经丝绸之路传入波斯国，然后又经过波斯国传到了西域。

4

中国人的“吃瓜史”非常悠久，唐朝中后期，西瓜从西域引入中原，“西瓜”之名也由此而来。到了宋元时期，西瓜已经普遍种植于我国南北地区。明代西瓜种植面积和规模都显著增加，到了清朝，西瓜生产更是盛极一时。

我也想吃西瓜。

不，我想吃个西瓜。

大人，请喝茶。

西瓜喜欢温暖干燥、昼夜温差大的气候，以及排水良好、肥沃疏松的沙壤土，且热爱光照——这些都带有沙漠植物的明显特征。

5

大约 13 世纪时，西瓜由南欧传到北欧。西瓜的英文名称“Watermelon”最早出现于 1615 年，意为“水瓜”，可以说十分贴切。

7

这是 17 世纪时，一位叫乔瓦尼·斯坦基的意大利画家画的静物油画，西瓜的颜色看上去有些惨白，瓜子也格外大。看到 300 年前的这个西瓜，你还有食欲吗？

6

16 世纪，西瓜传入英国。17 世纪后，传入俄国、日本等国。19 世纪中叶，西瓜伴随着奴隶贸易传入美国，随后进入整个美洲。美国独立战争以前，自由黑人可以种植、买卖和食用的第一种作物就是西瓜。

8

经过 4000 多年的栽培，西瓜已经培育出了大量品种。作为一种重要的水果作物，西瓜的栽培面积和产量居世界水果前五位。虽然中国不是西瓜的原产国，但绝对是世界上最爱西瓜的国家。长期以来，中国都是世界上最大的西瓜生产国和消费国，出产的西瓜物美价廉，有众多品种可供人们选择。

我们吃的大瓜子，其实就是西瓜的种子，只不过这种西瓜是经过改良的特殊品种，我们通常叫它们“子瓜”或“打瓜”。

我们吃的西瓜其实是果实的胎座，西瓜的水分就储藏在胎座细胞里的液泡内。

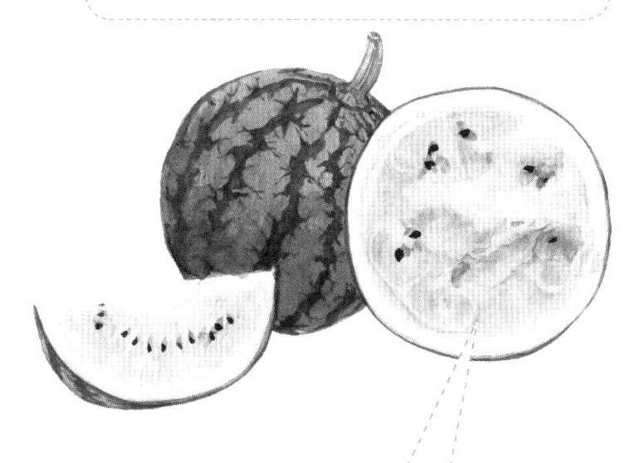

西瓜瓤的颜色逐渐变成红色，是一个典型的人工筛选的过程。西瓜瓤不仅有红色，也会有其他颜色，比如黄色。

菠萝

曾是欧洲的贵族水果

菠萝
Pineapple

别　　名：凤梨
类　　别：凤梨科凤梨属
起 源 地：南美洲
盛 产 地：泰国、菲律宾、巴西、哥斯达黎加等

穿越回 17 世纪的英国街头，如果你手拎着一个菠萝逛街，路人一定会向你投来羡慕的目光。菠萝原产于南美洲，后传播到欧洲和亚洲，一度受到英国贵族的狂热追捧。在今天，菠萝也被人们广泛喜爱，与杧果、香蕉、椰子并列为四大热带“果皇”。

菠萝是一种多年生草本植物，既不是长在树上，也不是埋在土里，而是长在地上，可长到 1~1.5 米高。

1

菠萝起源于巴西、阿根廷及巴拉圭一带干燥的热带山地，先后传到中美洲及西印度群岛，人类食用和栽培菠萝最早应追溯到古代印第安人。

菠萝表面那一个个突起，实际上是一朵朵成熟的花。

2

1492 年，哥伦布在西印度群岛的瓜德罗普岛上遇到了菠萝，并将它带回了西班牙。

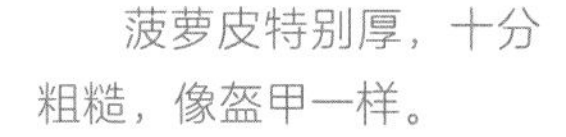

菠萝皮特别厚，十分粗糙，像盔甲一样。

菠萝是一种很美味的热带水果，富含各种维生素、微量元素和大量膳食纤维，口感酸酸甜甜，鲜嫩多汁，被称为“营养丰富的解渴水果”。

3

从西班牙传至欧洲其他国家的过程中，菠萝这种味道甜美浓郁的大型水果，受到了皇室贵族的青睐。他们尝试种植菠萝，但菠萝的生长需要温暖的气候和充足的阳光，显然欧洲并不适合它。物以稀为贵，菠萝成了那个时代的奢侈品，如果谁家请客时餐桌上放个菠萝，是一件很有面子的事。

4

身居国王之位，就意味着得在众人面前品尝一些奇奇怪怪的食物。当英勇的航海者从热带地区带回了菠萝，法国国王路易十四也不得不亲自品尝。但刚尝了一口，他就下令将菠萝从他的餐桌、宫殿及周围任何地方清理出去。因为没有人告诉路易十四的厨师，菠萝得削皮食用。

6

16 世纪末，葡萄牙传教士把菠萝引进了中国澳门，后来由澳门传入中国内地，距今已有 400 多年的历史。我国的菠萝种植主要集中在海南、广东、广西、福建、台湾等地。

5

由于菠萝芽苗耐储运，很快被传播到非洲、亚洲、大洋洲的热带及亚热带地区。

▲ 菠萝传播路线示意图

7

目前，全世界有 60 多个国家和地区在栽培菠萝。其中亚洲主要有泰国、菲律宾、中国、印度、越南等国，美洲主要有巴西、美国、墨西哥和西印度群岛诸国，非洲有南非、肯尼亚等国。

香蕉

完美水果养成记

现在说到香蕉，大家想到的都是同一个样子：细长、黄皮、味道甜美，营养丰富，不用洗、不用切，不吐籽儿，价格低……对人类来说，香蕉是如此完美的水果。它也因此成为世界上食用量排名第二的水果。现在的香蕉并非一开始就长成这样，至少跟六七十年前市场流行的香蕉都不一样。

这样的我，你想吃吗？

香蕉
Banana

- 别　名：金蕉、弓蕉等
- 类　别：芭蕉科芭蕉属
- 起源地：南亚（印度）
- 盛产地：印度、巴西、中国、菲律宾等

1

香蕉起源于亚洲南部，是最古老的水果种类之一，5000 年前人们就开始驯化野生香蕉，巴布亚新几内亚和中国等地均有很古老的香蕉栽培记录。尽管野生香蕉品种很多，但绝大多数都不能吃，即便有的可以食用，也要么很酸，要么种子太多，口感很差。

2

在香蕉原产地之一的印度，传说佛祖释迦牟尼由于吃了香蕉而获得智慧，香蕉因此被誉为“智慧之果”。印度人常采香蕉制成粉末，然后用来制成面包或是冲泡牛奶，作为老人与小孩的重要食物。现在印度是世界第一大香蕉产地。

3

公元前 327 年，亚历山大大帝首度把香蕉从印度引入欧洲。公元 650 年，中东士兵把香蕉命名为“banan”，也就是阿拉伯语中“手指”的意思。

4

大约到 15 世纪以后，香蕉才由亚洲传入非洲。哥伦布发现美洲后，香蕉被殖民者和冒险家从加那利群岛带到了美洲大陆。

5

1876 年的费城“世博会”上，有两样东西的登场最激动人心，一个是贝尔发明的电话，另一个就是香蕉。香蕉在美国迅速蹿红、供不应求，进口量突然暴增，成为美国人最爱的水果之一。

6

面对人们巨大的香蕉需求，美国联合果品公司应运而生。19 世纪末，联合果品公司等一批果业巨头，在中、南美洲国家大肆买地建香蕉园，垄断了香蕉在当地的种植采购，并用当时还属高科技的冷冻船，把香蕉运到数千里外的市场。香蕉逐渐成为第一种真正的全球化水果。

7

几千年来，人类从来没有停止过对香蕉的驯化，但是，老少皆宜的香蕉在历史上遭遇过数次种族灭绝危机。20 世纪初，香蕉枯萎病横扫中、南美洲的香蕉园，到了 50 年代，当时最流行的香蕉品种“大麦克”几乎灭绝。

8

人们转而种植大麦克的替代品种“卡文迪什”，也就是今天全世界都在吃的这种香蕉。但卡文迪什也不是不会生病的“万能”品种，它也会感染其他的香蕉枯萎病，这让蕉农和科学家很担心，甚至预言卡文迪什也会彻底绝种。难道人们有一天可能再也吃不到香甜可口的香蕉了吗？

9

好消息是，今天我们对遗传学、流行病等都有了更深刻的了解，科学家和种植者们已经开始采取措施来保护香蕉了。他们希望通过基因改造，让卡文迪什能够对病菌产生免疫，或是培育出能替代卡文迪什的新品种。

杧果

香气浓郁的热带水果

世界各国语言里，“杧果”一词的读音都差不多，其源头是印度泰米尔人对它的称呼“Manges”，据说是“美好的果子”之意。古代中国人给杧果取了“香盖”“望果”或“蜜望果”等多个美称。

杧果
Mango

别　名：庵罗果、芒果、檬果等
类　别：漆树科杧果属
起 源 地：南亚（印度）
盛 产 地：印度、中国、泰国等

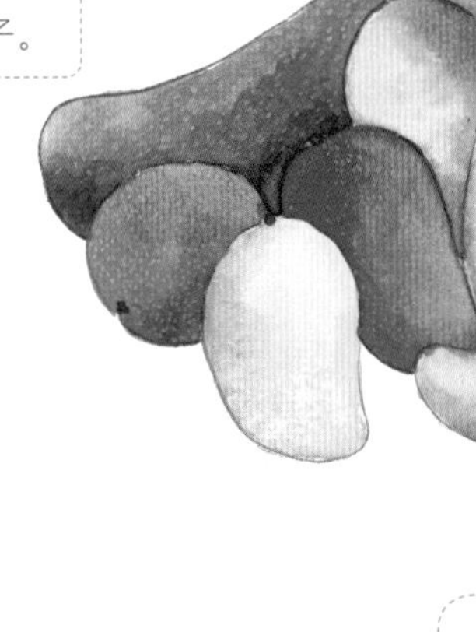

这其实是杧果的种子。

杧果属于漆树科植物，这个家族普遍会分泌刺激性汁液来保护自己，杧果也不例外，触碰或食用这种汁液会让一些人过敏。

1

印度是杧果的故乡，在许多古代遗址里都曾发掘出杧果的化石。印度人栽培杧果至少有 4000 年的历史。古梵语称杧果为“阿拉”，意思是“爱情之树”，在印度人心中象征着爱情和幸福。

2

大约在公元前 4 世纪到公元 5 世纪，杧果随着佛教的传播，从印度传播到越南、泰国、柬埔寨、斯里兰卡等东南亚国家。

3

公元前 4 世纪，亚历山大大帝的军队远征时把杧果从印度带回欧洲。奇怪的是，杧果很晚才传播到世界各地。大概在 10 世纪，波斯商人把杧果传到东非，以及太平洋的一些岛屿。

4

哥伦布发现新大陆后，杧果被葡萄牙人传到西非和美洲。1724 年，杧果出现在西印度群岛以及墨西哥等地。此后，杧果迅速散播到全球的各个热带和亚热带地区。1833 年，美国佛罗里达州开始种植杧果，并建立了集约化栽培的杧果种植园。

5

中国杧果有 1300 多年的栽培历史，相传约在公元 632—642 年，杧果由玄奘西天取经时带回。他在《大唐西域记》一书中介绍印度物产时，最先谈及的“见珍于世”的“庵没罗果”指的就是杧果。

6

目前印度是世界上栽培杧果面积最大的国家，其种植面积和产量都占到了全球的 40% 以上。印度菜里的腌菜、调味酱和甜点，都少不了杧果的身影。

▲ 杧果传播路线示意图

7

除了印度，杧果的主要生产国包括亚洲的巴基斯坦、中国、菲律宾、孟加拉国、泰国，美洲的墨西哥、巴西和委内瑞拉，非洲的马达加斯加等国。

行道树上的杧果会被污染，可不能吃啊！

8

杧果在我国也是重要水果之一，排热带水果第四位，仅次于荔枝、龙眼和香蕉。在福建、广东、海南等南方省区，杧果是水果市场上的主角，就连路边行道树的角色也常由杧果树扮演。

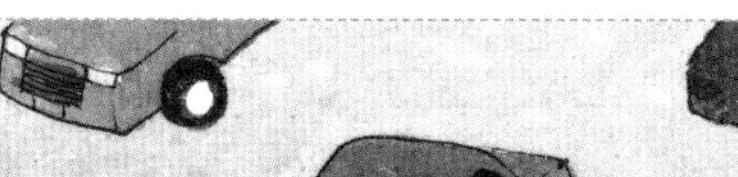

椰子

长在树上的“矿泉水”

有一种水果，开盖就能大口喝，不吐籽儿来不费牙，咕咚咕咚爽歪歪。这种水果就是椰子。椰子是椰树上结出的果实，夏天或者剧烈运动后，喝些椰子汁，能生津解渴、补充体力，迅速缓解疲劳，所以被誉为“长在树上的矿泉水”。

椰子
Coconut

别　名： 椰瓢、大椰
类　别： 棕榈科椰子属
起 源 地： 南亚、东南亚、大洋洲
盛 产 地： 印度尼西亚、菲律宾等

1

椰子的原产地主要有两个，一个是印度南部及斯里兰卡这片区域。这里的椰子随着阿拉伯人和波斯人的航行传播到了非洲和阿拉伯沿岸。

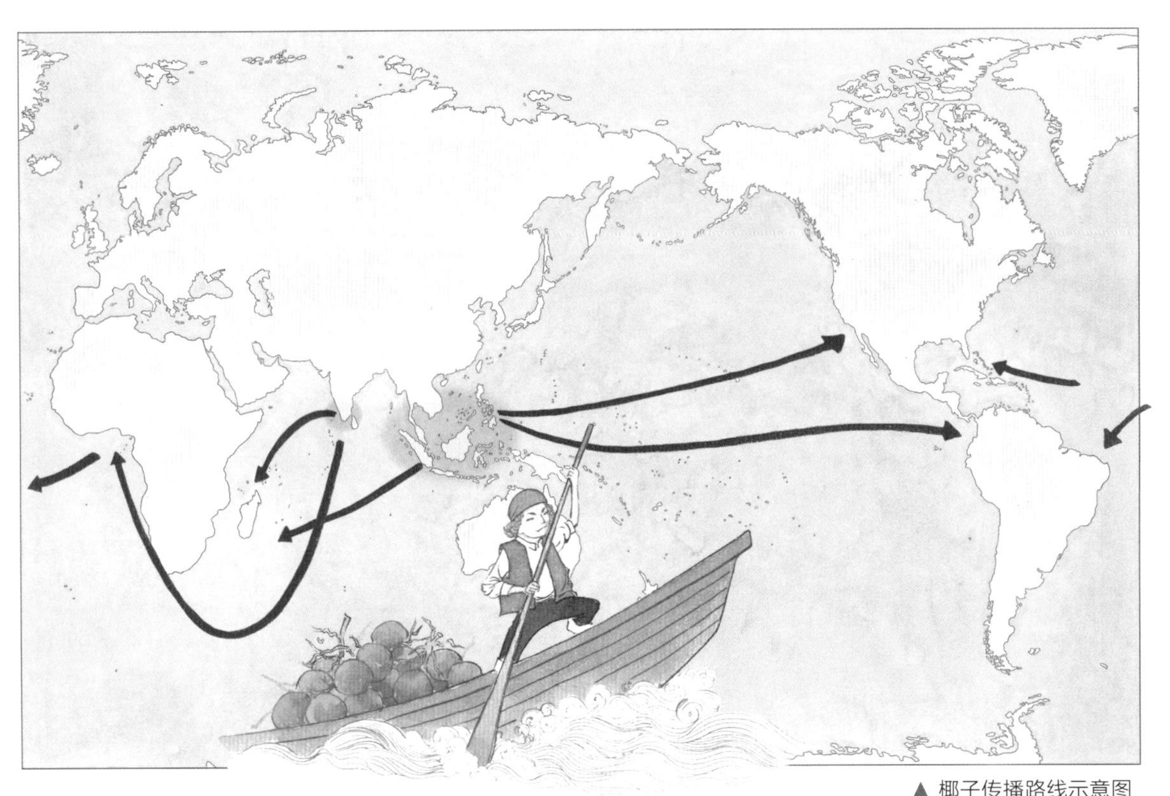

▲ 椰子传播路线示意图

2

另一个原产地位于中南半岛沿岸至马来群岛，一直延伸到大洋洲的美拉尼西亚。公元前 3000 年前，说着南岛语的南岛人从东亚大陆出发，划着独木舟，从一个岛屿到另一个岛屿。在这场生存浪潮中，椰子毫无疑问起了极大的作用，它是被带上独木舟最重要的财产之一。

3

欧洲人见到椰子的时间很晚。从椰子的英文名字“coconut”来看，西班牙和葡萄牙的航海家们在 15 世纪第一次见到椰子时，可能被吓了一跳——因为“coco”在葡萄牙语里指的是人的头颅。

4

椰子出现在中国人的视野里则要早得多。早在 2000 多年前，海南地区就从越南引入了椰子开始广泛地种植。西汉司马相如的《上林赋》中有“留落胥邪，仁频并闾”，其中“胥邪”就是指椰子。

让欧洲人初见就吓了一跳的椰子，却是很多东南亚和大洋洲土著居民赖以生存了上千年的宝贵资源。据说，居住在热带的人们即使去了荒岛，只要有椰子树，就能够生存。所以，椰子树也被称为“生命之树”。

6

生活在城市的我们，或许只把椰子里的椰汁喝完就扔了。对于椰子原产地的原住民来说，椰子除了能满足食物需求，还能提供重要的生活生产材料。

椰子汁

椰子的最外层是木质外果皮。

内果皮上长的小坑是种子的“萌发孔”，其中一个小坑生长着能长成椰子树的胚。

我们喝的椰汁，其实是椰子的液态胚乳。

7

世界上的椰子树几乎都生长在岛屿、半岛和海岸边，成了热带海滨独特的风景。椰子树之所以大多生长在海边，是因为它们的种子是靠海水来传播的。成熟后的椰子会落到大海里，松软的外果皮能让椰子在海上漂浮，坚硬的中果皮可以抵抗海水的高盐环境，使它可以漂洋过海，到更远的地方萌发生长。

草莓

酸酸甜甜惹人爱

鲜红的外皮、饱满的果肉、酸甜的汁水——这就是草莓。很少有人能抵挡得了草莓的诱惑，作为世界知名水果，草莓颜值与内涵并存，美好得像个童话。

这些像芝麻的小点，才是草莓真正的果实呢！

草莓
Strawberry

别　名：洋莓、地莓、红莓、士多啤梨、凤梨草莓
类　别：蔷薇科草莓属
起源地：亚洲、南美洲、北美洲、欧洲
盛产地：中国、美国等

你知道吗？我们吃草莓时，不吐皮、不吐核，是因为我们把皮和核都吃掉了！草莓有滋有味的部位就是它的花托，它真正的果实是表皮上芝麻一样的小点。要是不想吃这些小点，你可以把它们一粒粒抠出来，不过这可不容易……

1

作为一种风靡全球的水果，草莓起源于很多地方，包括亚洲、欧洲、美洲的许多国家和地区。草莓品种众多，比如欧洲的森林草莓、中国的东方草莓等。那时的草莓论味道、个头可都比今天的草莓差远了。谁才是现代草莓的祖先呢？

野生草莓

现代草莓

2

18 世纪时，当法国人研究如何让来自南美洲的大个头智利草莓结果实时，偶然发现它与来自北美洲的口感好的弗州草莓种在一起后，能结出兼具两者优点的凤梨草莓。19 世纪中期，欧洲人将凤梨草莓带到了东南亚地区，日本也是在这个时期引入了凤梨草莓。中国大概是在 1915 年开始栽培凤梨草莓。如今，世界各地大规模栽培的草莓都是凤梨草莓的后代。

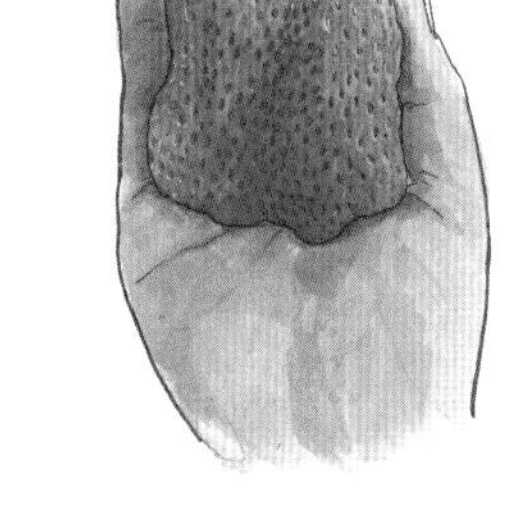

太空草莓 2008

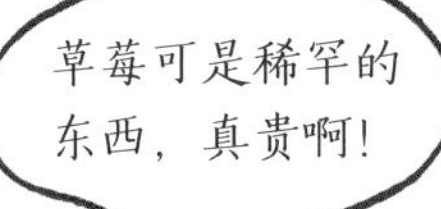

3

为了满足味蕾的需求，人们还在不断培育新的草莓，如今的草莓品种有 2000 多种！草莓虽然美味、营养，但是不好保存和运输。人们为了解决这些问题，甚至用卫星把草莓种子带到宇宙中，用宇宙射线来诱导草莓变异，比如“太空草莓 2008”，可以去买来尝尝啊！

蓝莓

水果中的“小贵族”

相比草莓，蓝莓要小得多，但这种小个头浆果身价不菲，是水果中的“小贵族”，被誉为“浆果之王”。当然，贵有贵的理由，个头小小的蓝莓营养价值极高，被联合国粮农组织列为人类五大健康食品之一。

蓝莓
Blueberry

别　名：笃斯、笃柿、嘟嗜、都柿、甸果等
类　别：杜鹃花科越橘属
起源地：欧洲、北美洲、东亚（中国）
盛产地：美国、墨西哥、加拿大、中国等

成熟的蓝莓表皮上有一层白霜，这是一层天然果粉，对人体无害，而且说明蓝莓很健康。

蓝莓含有丰富的花青素，能预防很多疾病，颜色越深，花青素含量越高。

驯化前

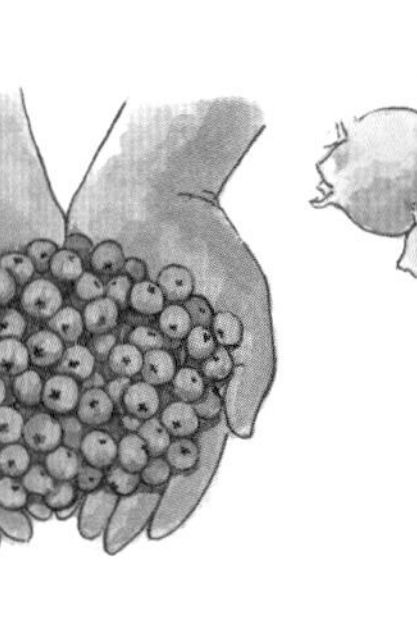
驯化后

2

大约在100多年前，人们还在吃野生蓝莓而非驯化蓝莓，相比其他作物，蓝莓的驯化时间并不长。在1910年左右，两名美国人开始给野生蓝莓选种。到20世纪80年代末，前赴后继的农学专家已选育出100多个优良品种。

1

别看蓝莓跟草莓都带有“莓”字，就以为它们是亲戚，实际上，蓝莓和草莓没有半点关系。草莓是聚合果，而蓝莓则是一种小浆果。它喜欢冷一点的地方，在北半球的森林里，一颗颗蓝莓俘获了原住民的心。在几个世纪前，美洲的原住民从森林和沼泽地里采集蓝莓，还留下了动人的传说：当每朵蓝莓花谢时，花萼部分会形成完美的五星形状。当时部落长老告诉人们，这是伟大的神灵把“星星果”带给大家，拯救挨饿的孩子们。

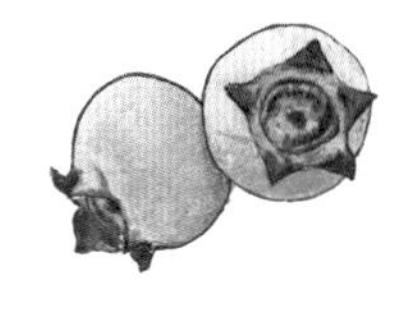
高丛蓝莓

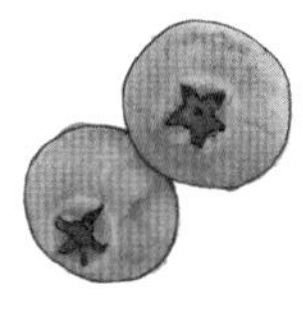
红粉佳人

兔眼蓝莓

黑珍珠

3

在第二次世界大战期间，有人发现了蓝莓的独特魅力。据说一位英国飞行员发现，蓝莓能增强人眼在昏暗中作战时的视力。这一发现成为当时英国皇家空军的秘密武器。科学家知道后很感兴趣，开始重点进行蓝莓的营养价值和保健价值的研究，发现这种小个头浆果果然不一般。

4

如今，蓝莓品种丰富，有高丛蓝莓、红粉佳人、兔眼蓝莓、黑珍珠等。蓝莓的分布范围越来越大，不论是在我国的大兴安岭，还是在北美的墨西哥，都能看到蓝莓的身影。

荔枝

本果上市，百果让路

荔枝素有“果品皇后”的美誉，一旦荔枝成熟，其他水果都黯然失色。“一骑红尘妃子笑，无人知是荔枝来”，记载了唐玄宗宠爱杨贵妃，派人千里迢迢送荔枝的典故。感谢发达的运输和储存方式，今天的我们可以轻松吃上这种甘甜多汁、口感软糯的美味水果。

荔枝
Litchi

别　名：丹荔、丽枝、离枝、荔果等
类　别：无患子科荔枝属
起 源 地：东亚（中国）、东南亚（越南及马来半岛一带）
盛 产 地：中国、印度、越南等

荔枝的食用部位很奇特，我们吃的果肉部分，包在由珠柄发育而来的假种皮里。

荔枝虽然好吃，但不宜多吃，否则容易导致出现“上火”的症状，比如口干舌燥、流鼻血。

就爱吃荔枝，怎么也吃不够呢！

再快点，不然又该被罚了！

累死我算了！

1

荔枝喜爱阳光和高温，是热带水果中的佼佼者，很少有人能抵得住它的诱惑，自古便受人追捧。唐玄宗曾派人千里加急送荔枝来讨好杨贵妃，宋代文豪苏东坡曾用“日啖荔枝三百颗，不辞长作岭南人”来称赞荔枝。

怎么回事？还是结不了果？

2

荔枝起源于中国华南地区、越南北部和马来半岛一带，如今在中国华南地区仍有大量的野生荔枝，还有不少树龄达上千年的荔枝古树。中国荔枝栽培历史至少已有 2000 多年。据记载，汉代时，人们就曾在长安上林苑建“扶荔宫”引种华南的荔枝，但因为气候不宜失败了。

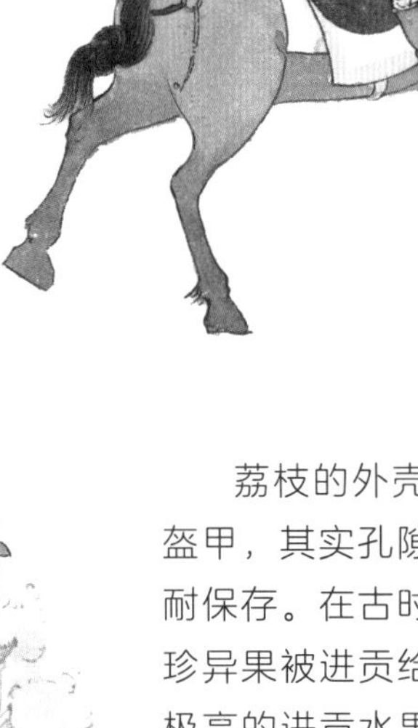

3

荔枝的外壳虽然看起来很硬，像个盔甲，其实孔隙多，水分会跑出去，不耐保存。在古时候，它往往作为一种奇珍异果被进贡给皇帝。这种对时间要求极高的进贡水果，给老百姓带来了很大负担。古代文人曾很多次以荔枝为题写诗作赋抨击时政。

▲ 荔枝传播路线示意图

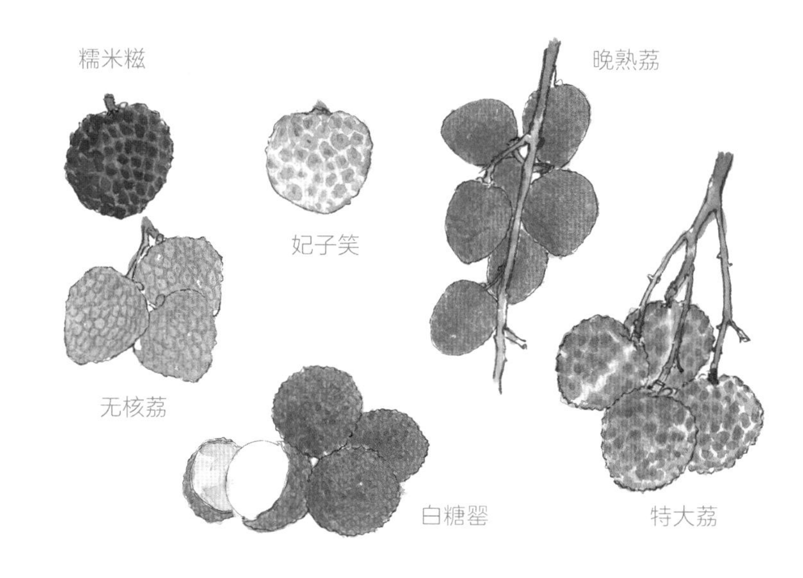

4

大约在 17 世纪末，随着人类迁徙的增多，荔枝也开始向外传播开来。荔枝传到了印度，如今印度已经是世界第二大荔枝生产国。后来，荔枝又陆续传播到非洲、大洋洲。1873 年，美国的夏威夷州也开始种植荔枝了……300 多年的时间里，荔枝几乎已遍布全球亚热带地区。

5

荔枝品种很多，光我国就有 200 来种，市面上能看到的品种主要有妃子笑、糯米糍、白糖罂等。荔枝育种专家们还培育了无核荔、特大荔、晚熟荔等，满足了人们对荔枝不同口味的需求。

龙眼

既是水果，也是补品

龙眼，通常在 8 月成熟，那时正逢桂花飘香，从而得名桂圆。龙眼也是一种亚热带水果，人们常常把它与荔枝拿来比较。虽然龙眼的个头比荔枝小，也不如荔枝味美多汁，但可别小瞧了龙眼，人们会把龙眼制成果干，作为珍贵补品——古时就有“南龙眼北人参”的说法。

龙眼与荔枝有一定的亲缘关系，两者的起源地、盛产地也几乎相同。龙眼起源于中国南方以及南亚一带，在中国已有 2000 多年的栽培史了。如今，在中国海南、云南等地也能看到野生龙眼。

龙眼鸡又称为长鼻蜡蝉，最爱吸食龙眼树液，整个“虫生”都在龙眼树上度过。

龙眼
Longan

别　名：桂圆、骊珠、比目、圆眼等
类　别：无患子科龙眼属
起源地：东亚（中国）、南亚
盛产地：中国、泰国、越南等

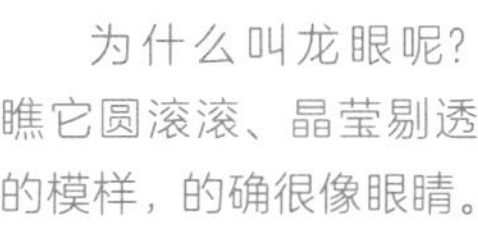

奶奶，龙眼真好吃啊！

好孩子，好吃也不能吃多啦。

杏

被误解的“水果小天后”

杏 Apricot	
别　名	甜梅、叭达杏、杏果、杏实等
类　别	蔷薇科杏属
起源地	东亚（中国）、中亚、北非
盛产地	中国、伊朗等

在水果界里，被误解最深的恐怕就是杏了。明明长着黄澄澄的好模样，味道酸甜可口，营养价值丰富，光是维生素的含量就能排进水果界前三甲了，却因一句“桃养人、杏伤人”的俗语承受了太多委屈。

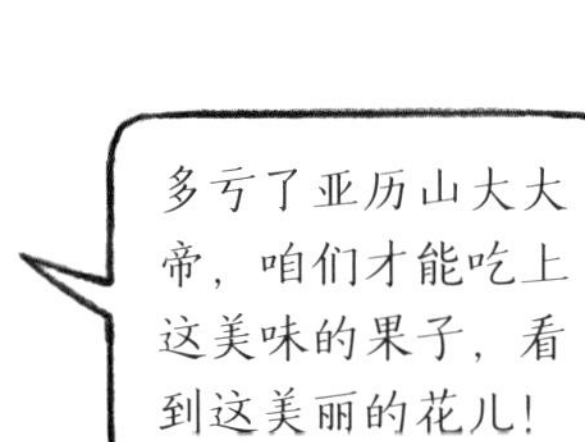

杏富含糖、钙、磷、铁、蛋白质、胡萝卜素、维生素等，把它做成杏干也非常好吃。

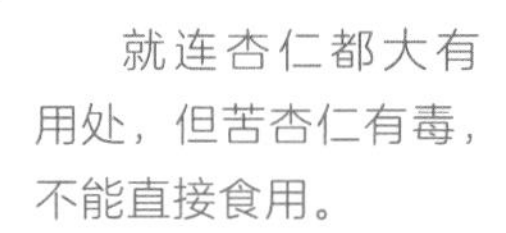

就连杏仁都大有用处，但苦杏仁有毒，不能直接食用。

1

植物学家研究表明，杏有三个主要起源地，其中一个就在中国新疆，那里至今仍有很多野生杏。野生杏果实小，味道酸涩。大概在几千年前，杏就被人们驯化了，从那以后，人们渐渐培养出了更大、更好吃的品种。

3

杏是如何传到西方的呢？据说是亚历山大大帝在波斯发现了杏，品尝后立刻爱上了这种令他惊奇的甜果子，于是把杏核带回了希腊，种在了果园里。几个世纪后，杏花就开遍了整个南欧地区。很多贵族都喜欢在自家果园里种上杏。

咦，这果子不错，国王肯定会满意的！

2

关于杏有个美丽传说。相传在东汉时期有位叫董奉的名医。他看病不收钱财，只要求患者在山坡上种杏树，重症的病好后种 5 棵，轻症的病好后种 1 棵。病人纷纷来看病，山坡上便种满了杏树。所以人们用“杏林春暖”“誉满杏林”来赞美董奉这样的良医。

4

1542 年，一名英国牧师兼园丁游历欧洲大陆，想寻找美味的水果带回去献给国王。这位牧师品尝到了意大利的杏，被它的美味打动，随后把它带回了英国。大约两百年后，杏漂洋过海，被人们带到了北美，在新大陆扎了根，杏就这样传开了。

李子

抗衰老的超级水果

人们常用“桃李满天下”来赞美教师，李子跟桃子算是中国文化里颇有文气的两种水果。虽然人们还不清楚起源于不同地区、不同品种的李子究竟是如何传播的，但李子的营养价值已经得到了公认，甚至被称为“抗衰老的超级水果”。

李子
Plum

别　　名：嘉庆子、山李子、玉皇李等
类　　别：蔷薇科李属
起 源 地：欧洲、北美洲、东亚
盛 产 地：中国、罗马尼亚等

李子的果实很好看，不同品种颜色不同，有青翠欲滴的，有鲜红诱人的，人们甚至还用“艳若桃李”来形容美貌的女子。

黑宝石　女神　黑布林
秋姬李　大总统　沙子空心李　西梅

谁将平地万堆雪，剪刻作此连天花。

［唐］韩愈

李子的花，简称李花。李花花多色白，像雪一样耀眼，气味芳香。春天桃花、李花竞相开放，因此有“桃李争春”的说法。

1

李子品种繁多，就全球范围内栽培的李子来说，可以分为中国李、欧洲李、美洲李、加拿大李等。不同品种李子的起源地不一样。欧洲地区主要栽培的就是欧洲李，又叫西梅，但西梅可不是梅子；美国李是以黑布林为代表。我国主要栽培的李子就是中国李。

2

中国李起源于中国，它的历史有多悠久呢？在殷墟出土的历史长达3000多年的甲骨卜辞上就刻有“李”字，更不用说《诗经》里“投桃报李”的典故了。早在商周时期，李子就是中原地区人们常见的水果了。

3

欧洲李则起源于黑海和里海之间的高加索地区。早在2000多年前，生活在这里的人们就吃上了这种水果。欧洲李的发家史颇有传奇色彩，据说高加索地区长寿的人都爱吃欧洲李，消息传到阿拉伯商人耳里，立刻变成了商机。精明的阿拉伯商人把号称能延年益寿的李子卖到了欧洲，十分畅销。没多久，欧洲就种上了欧洲李。如今，全球顶级的欧洲李就产于法国。

杨梅

最具“中国风”的水果

要说在水果界最具“中国风”的水果，那非杨梅莫属了。杨梅是在我国土生土长的一种水果，它甜中带酸、生津解渴，让人回味无穷，是男女老少都喜欢吃的一种水果。

杨梅
Red bayberry

别　名：山杨梅、朱红
类　别：杨梅科杨梅属
起源地：东亚（中国）
盛产地：中国

1973 年，考古学家们在浙江省余姚市发掘新石器时代的河姆渡遗址时，发现了杨梅属的花粉，说明在 7000 多年前这里就有杨梅生长了。而在距今 2000 多年的长沙马王堆汉墓中，考古人员还曾发现过盛有杨梅的陶罐。

杨梅偏爱温暖湿润的气候，除了在中国南方被广泛种植外，在日本、越南、印度等国也有零星栽培，但多被当作观赏植物。

杨梅自古以来都是果中佳品，因此受到了很多文人墨客的青睐。在中国的古诗词文化中，也留下了很多歌咏杨梅，或者是以杨梅为主题的作品。正因如此，说杨梅是最有中国风的水果，一点儿也不夸张。

阳桃

外观出众的星星果

阳桃的外形呈五棱形（也有六棱形），如果将它横切，恰好是五角星的模样，因此也叫星星果。阳桃不仅长得好看，还富含水分及多种维生素，口感酸甜爽脆，风味独特，受到很多人的喜爱。

阳桃

Starfruit

别　名：杨桃、羊桃、五敛子等

类　别：酢浆草科阳桃属

起 源 地：南亚（印度、斯里兰卡）、东南亚（印度尼西亚）

盛 产 地：中国、印度等

1

阳桃是原产印度、印度尼西亚和斯里兰卡等热带地区的亚洲水果。由于产地临近中国，且对生长环境不挑不拣，阳桃早在晋朝时就传入我国，距今已有约 2000 年的栽培史。

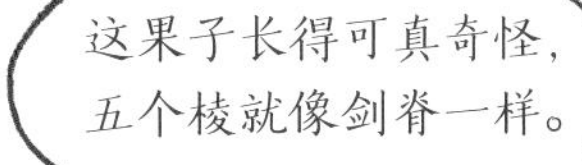

2

阳桃虽然名字中有个“桃”字，但它与桃子可没啥亲缘关系，它的名字可能与它“漂洋过海而来，又悬挂在树上像桃子”有关。阳桃那特别的形状，让人过目难忘。明朝李时珍的《本草纲目》里，阳桃被称为“五敛子”。大多数阳桃的横切面都是五角星的形状，它的英文名“starfruit”也由此而来。

3

虽然阳桃的适应能力和产量都不错，但成熟的阳桃质地很软且容易腐烂，因此无法长途运输。要想吃到好吃的阳桃，最好在当令的时候去产地吃。在我国，阳桃主要分布在福建、广西、广东、海南等地。

4

30 多年前，阳桃在美国市场还很少见，现在美国的亚裔人口和西班牙人口越来越多，因为这些民族喜食阳桃，所以阳桃在美国市场上变得越来越普遍。尤其是圣诞节临近时，绿色的阳桃还可以当作装饰品，所以在市场上很常见。

经济作物

人类种植粮食作物的主要目的，是为了满足自身的生存需求，但有一种作物，种植它们的主要目的是为了获得收入，这就是经济作物。

经济作物按照具体用途，可以分为油料作物、糖料作物、饮料作物、调料作物等。

作为油料作物的大豆，因为富含比一般肉类都高的蛋白质，被称为“田里长出来的‘肉’”；一吃就停不下来的“国民小食”花生，来自遥远的南美洲……

被称为“糖料之王”的甘蔗，用甘甜的滋味俘获了人类的味蕾。

茶、咖啡和可可并称为世界三大饮料作物，其中，茶这种神奇的东方树叶，滋润着全球近一半人口；来自东非的咖啡，成为提神醒脑的全球饮料；可可从最初美洲丛林中的土著饮品，变成了人见人爱的巧克力。

还有，为人类铺起丝路的桑，被称为“植物中的羔羊”的棉花，将人类带入多姿多味美食世界的众多调料作物……

接下来，就让我们踏上作物起源之旅的最后一站，一起探寻这些经济作物的起源，了解它们的发展历程吧！

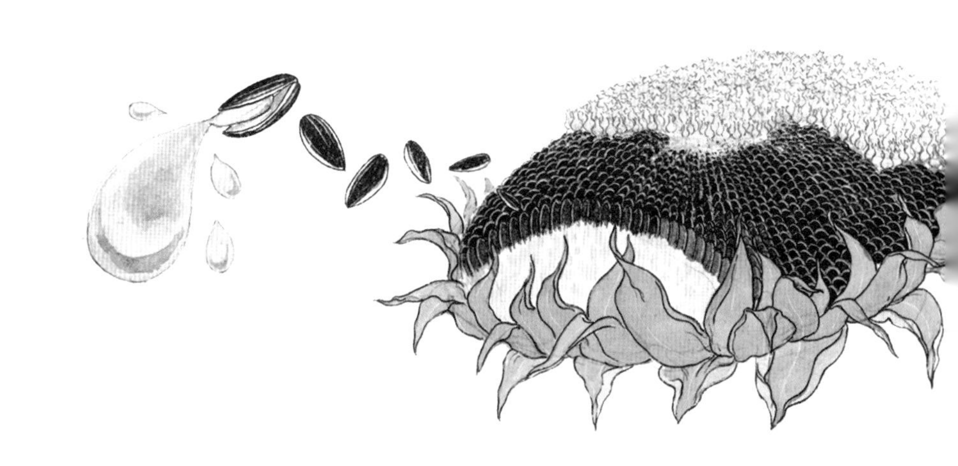

大豆

田里长出来的“肉”

大豆原产于中国，推动了中国五千年文明的发展。大豆最为特殊的性质，在于它所蕴含的仿佛是不属于植物界的蛋白质——含量甚至比一般肉类都高，因此被称为“田里长出来的‘肉’”。正因大豆富含营养，它的吃法多种多样，不仅能变成豆花、豆浆、豆干等诸多美味，酱油、色拉油和味噌也是以大豆为主要原料做成的。

大豆
Soybean

别　名：黄豆
类　别：豆科大豆属
起 源 地：东亚（中国）
盛 产 地：美国、巴西、阿根廷等

1

中国是大豆的故乡，至今已有5000多年的大豆种植历史。在古代，大豆的名字叫“菽”，位列五谷（稻、黍、稷、麦、菽）之一，是一种重要的粮食作物。2500多年前的《诗经》里就有“中原有菽，庶民采之”（田野里长满了大豆，众人一起去采摘）的记载。

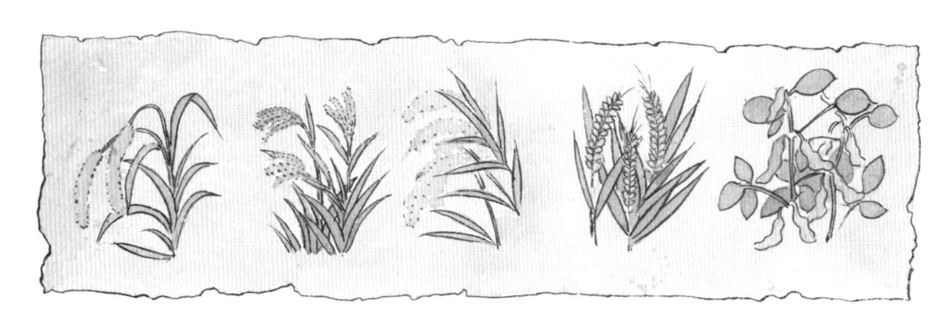

2

大豆究竟是起源于黄淮地区、东北地区还是南方沿海，还没有定论。可以确定的是，大豆的祖先是野大豆。在人类的精心培育下，大豆不再像野大豆那样匍匐在地，它站了起来，豆荚也高高地暴露出来，更方便人类识别和采摘。

野大豆和其他豆科植物一样，它的茎缠绕在一起，趴在地上，或缠绕在粗壮植物的茎秆上。

包括大豆在内，很多豆科植物都将自己的根系变成了“化肥工厂”，“工人”就是来自细菌家族的根瘤菌。根瘤菌可以“抓住”空气中的氮气，转化成土壤里供植物生长的氮肥。

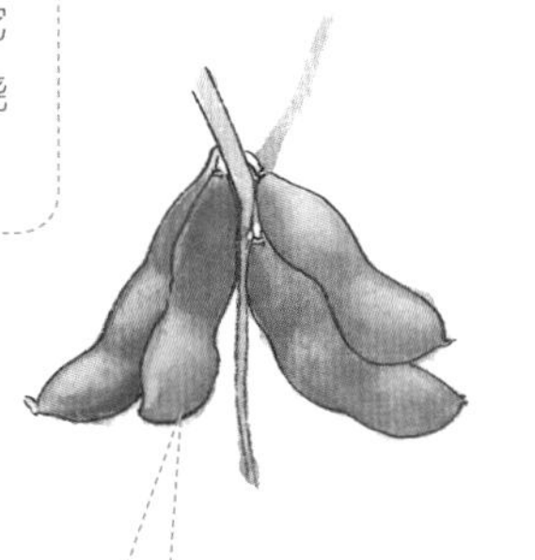

大豆的豆荚在将熟未熟的时候，颜色嫩绿，表面布满了硬毛，这时被称为“毛豆”。

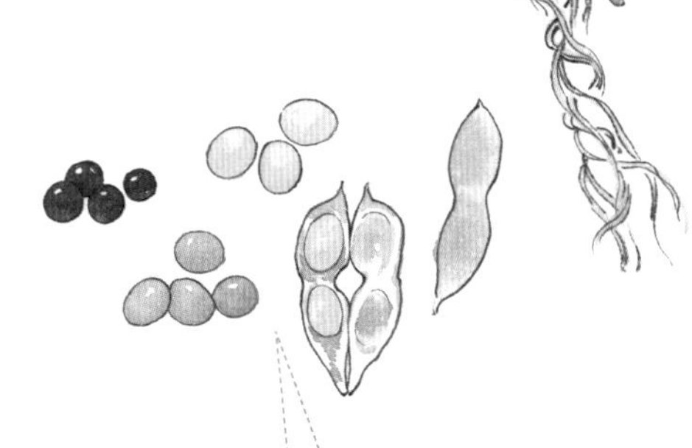

黄豆、黑豆、青豆只是颜色不同，都属于大豆，其中黄豆最为普遍。

3

经过几千年的培育，大豆成了一种作物，种植面积逐渐扩大，吃法也得到不断更新。2000 多年前，热衷炼丹的淮南王刘安，在为生病的母亲做豆浆时，机缘巧合地发明了豆腐。

4

第一个把大豆带出国门的人，是唐代高僧鉴真和尚。在公元 8 世纪，他把大豆传到日本。日本四面环海，自然资源匮乏，大豆很快就受到了当地人的重视和珍惜。日本还将鉴真尊为豆腐业的鼻祖。

5

从中国来到日本的大豆，实现了不一样的“变身”。大豆被日本人制作成了各种各样的家常料理。大豆富含蛋白质的特性，也使其成了日本饮食生活的基本作物之一。

6

在很长一段时间内，大豆的种植都是以亚洲为中心。18 世纪初，荷兰的传教士把大豆带回欧洲，无法承受霜冻的大豆，基本上没对北欧的农业产生影响。直到 1765 年，大豆到了美国后，虽然美国人不喜欢大豆的豆腥味，但大豆拥有丰富的蛋白质，因此成为动物饲料的主要来源。美国如今是世界上大豆产量最高的国家之一。

7

第一次世界大战后，大豆遇到了它在美国大展身手的好机会。玉米因为当地气候持续干旱，难以种植，而在贫瘠土地里也能生长的大豆几乎没有受到影响。大豆除了做动物饲料，还被送去了榨油厂，不过榨出来的油不是用来炒菜，而是作为油漆刷在了汽车上。

8

第二次世界大战爆发后，由于粮食短缺，南美洲各国鼓励种植大豆。现在，巴西、阿根廷、巴拉圭等南美洲国家都是大豆的生产和出口大国。有评论说，这是“亚洲人后院里的作物创造的奇迹”。

［东晋］陶渊明

9

中国作为大豆的故乡，大豆品种最为丰富，在国家种质资源库中，储藏了人工栽培大豆 3 万多种，野生大豆近万种。2017 年，大豆成为次于玉米、小麦、水稻和土豆的世界第五大作物。大豆生产量最多的国家是美国，其次是巴西，现在全世界 85% 以上的大豆都由美洲大陆生产。

无所不能的“多面手”

一颗豌豆能做什么？在安徒生的童话《豌豆公主》里，它被用来鉴别真正的公主；童话《杰克与豌豆》中，小杰克顺着豌豆藤爬上天，去偷巨人的金蛋；150 多年前，孟德尔从豌豆实验里总结出了遗传学定律……

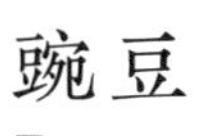

Pea

别　名：青豆、荷兰豆、寒豆、雪豆等
类　别：豆科豌豆属
起 源 地：西亚、欧洲（地中海沿岸）、北非
盛 产 地：中国、俄罗斯、印度等

1

豌豆的生长历史非常长，几乎跟人类从事农业生产的时间一样长，距今已有 1.1 万年的历史。豌豆起源于西亚和地中海沿岸地区，大概在 7000 年前，当地人就开始收集豌豆了，豌豆的栽培历史至少有 6000 年。

2

豌豆最初被驯化的原因，在于它的果实富含淀粉，能为人们提供很多能量。豌豆还可以用作饲料，牲畜很喜欢这种美味的饲料。凭借这些优良特性，豌豆从原产地向北传入欧洲其他地区，向东传到南亚，在 2000 多年前经过中亚传到中国，16 世纪传入日本。

豌豆作为豆科植物家族的一种，和大豆一样，根部也有根瘤菌共生，这使它能在贫瘠的土地上生长。

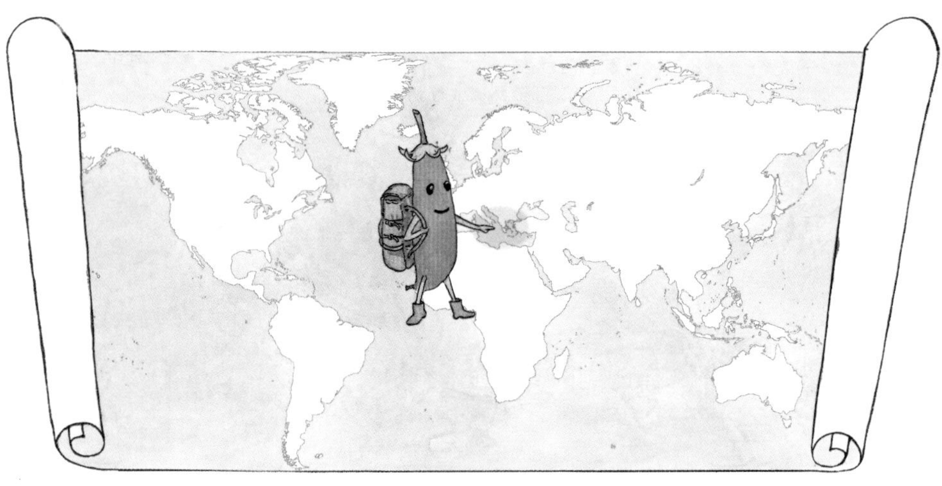

▲ 豌豆起源地示意图

3

据说是西汉的张骞出使西域时将豌豆种子带回了中原，后来豌豆逐渐被引种到中国许多地方。豌豆传入中国后，食用方式一开始仅限于干豌豆，随着历史的发展，豌豆的各项饮食功能被不断开发出来。

荷兰豆并非产于荷兰，而是来自泰国和缅甸的边界，之所以叫这个名字，据说是荷兰人把这种豌豆品种带到中国的。

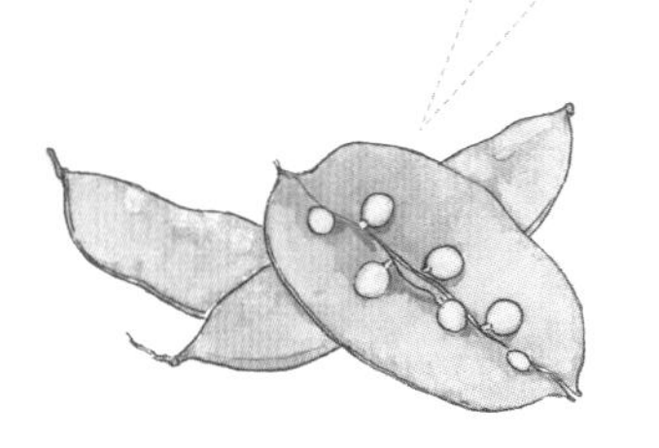

荷兰豆

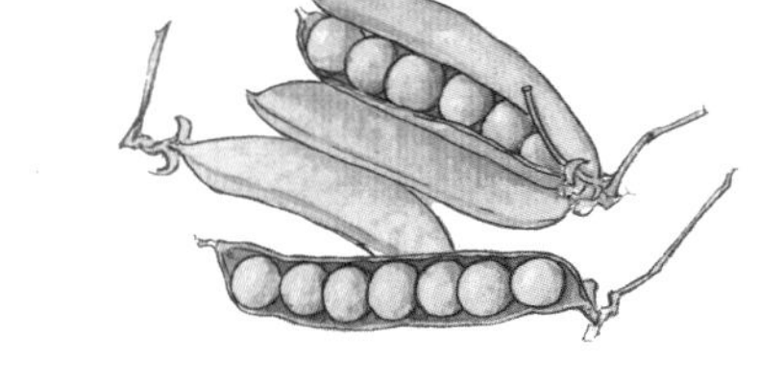

甜豌豆

4

人们发现豌豆的苗和豆荚都可以作为蔬菜食用，就不断驯化这两个部位。比如我们熟悉的荷兰豆，就是一种以生产豆荚为目的的荚用豌豆，而甜豌豆和青豆则是以吃豌豆粒为目的的鲜食豌豆。这些吃法在近几百年来流行起来。

5

在欧洲，大约在 16 世纪，人们驯化出主要用来做菜的豌豆品种。在西餐中经常会碰到一些多汁的小圆豌豆粒，但不少东方人会觉得这些豆子带着淡淡的“生味儿”。

6

现在，从发芽到生长，从开花到成熟，豌豆为我们的餐桌贡献了多种特殊的餐品——豌豆苗、豌豆荚、豌豆黄、豌豆汤、豌豆泥……

7

150 多年前，生长周期短、花大、雌蕊和雄蕊明显的豌豆，被一个名叫孟德尔的神父选中，成为他研究遗传现象的实验对象。孟德尔用 8 年时间种下约 28000 株豌豆，经过仔细观察分析，他得出了遗传学的两大定律，后来他被称为“现代遗传学之父”。

不认识我？没关系。你们以后上生物课就知道我了。

8

豌豆的地理分布范围很广，通常世界上能种植小麦和大麦的地方，就能种植豌豆。中国是世界上种豌豆最多的国家之一，在南方和北方都有栽培，豌豆是我国重要的粮食和蔬菜作物。其他种植豌豆较多的国家有俄罗斯、印度、美国、埃塞俄比亚等。

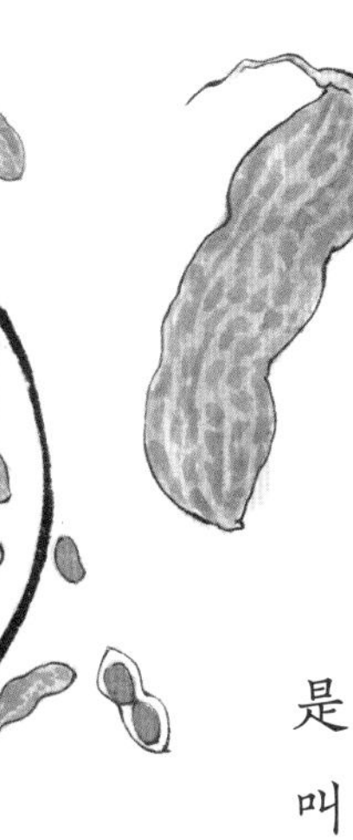

花生

从美洲来的国民小食

“麻屋子，红帐子，里面住着个白胖子。”这个谜语的谜底就是花生。花生是重要的油料作物，又被称为“落花生”，去了壳叫花生米、花生仁，可椒盐可五香，可油炸可做酱，一吃就停不下来，是我们生活中非常熟悉的一道“国民小食”。

花生
Peanut

别　名：落花生、地豆、长生果等
类　别：豆科落花生属
起源地：南美洲
盛产地：中国、印度、美国等

1

一般认为，花生起源于南美洲的玻利维亚南部和阿根廷北部地区。考古学家在此地发掘了一些带有彩绘花生的泥盘和刻有花生荚果的浮雕，据鉴定为公元前 2000—公元前 1500 年的遗存。

2

到了地理大发现时期，花生已经征服了整个南美洲和中美洲，包括加勒比海地区。16 世纪初，随着哥伦布发现新大陆，花生由西班牙或葡萄牙的航海家带回家乡，由于花生的优良食用价值，迅速传遍欧洲。

3

大约在 16 世纪中期，即明朝中晚期，花生从东南沿海传入中国内地。花生最早在福建省引种，可能是一些出海的商人，在与葡萄牙人做生意后引种回家乡的。

4

这种引进栽培的花生，是栽培花生中最古老的类型，俗称为“小花生”。19 世纪中后期，美国传教士将“大花生”引种到山东。大花生逐渐取代了小花生，成为我国现在广泛种植的花生品种。从晚清到现在，山东都是中国最重要的花生产地。

5

欧洲曾从中国引种花生，因此欧洲部分地区称花生为“中国坚果”。花生经由我国传到了亚洲其他地方。日本人把花生称为“落花生”“南京豆”，据记载，它是由中国的隐元禅师在顺治十一年（1654 年）引种到日本的。

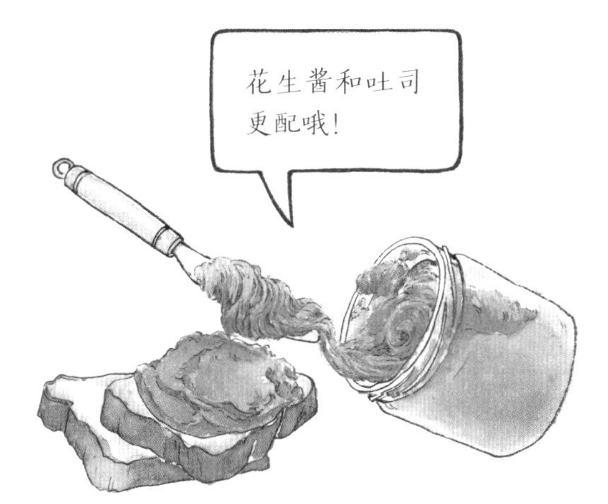

6

17 世纪，英国殖民主义者贩卖黑人做奴隶，花生从非洲被带到了北美洲。1895 年，美国人约翰·哈维·凯洛格注册了自己的花生酱专利，通过烘焙热处理以及加入大量糖和盐的方法，不仅有效抑制了霉菌生长，解决了花生的储存问题，也彻底改变了这种食物的味道，使其更加美味。

7

花生天然具有较强的商品属性，种植花生的地方，很快就能靠它获利。营养学家预言，不久的将来，花生油将成为“东方第一油”，与早已风靡世界、被誉为“西方第一油”的橄榄油形成“东西抗衡”的局面。

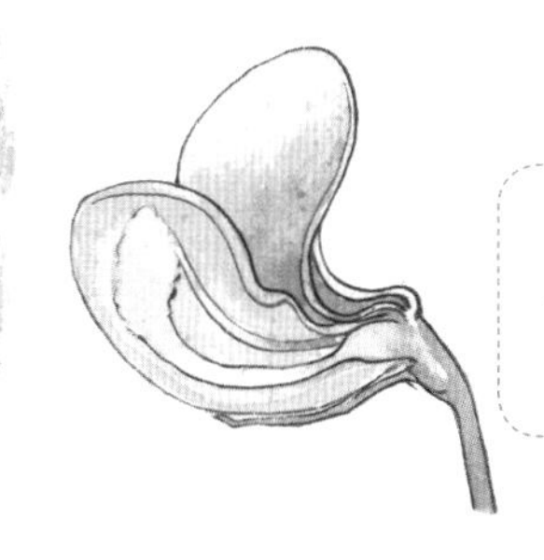

花生开花授粉后，花瓣逐渐凋谢，子房的基部会长出一根细细的子房柄，向下生长到地面后会插入土里。

父亲说：“花生的好处很多，有一样最可贵：它的果实埋在地里，不像桃子、石榴、苹果那样，把鲜红嫩绿的果实高高地挂在枝头上，使人一见就生爱慕之心。你们看它矮矮地长在地上，等到成熟了，也不能立刻分辨出来它有没有果实，必须挖起来才知道。”

——许地山《落花生》

花生的果实就在黑暗的地下发育成熟，所以花生被称为“落花生”。

芝麻

高人气的油料皇后

小小的芝麻，看似不起眼，用途可大了——榨油醇香甘美，芝麻酱和芝麻粒能做成各种美味点心和作料，芝麻渣是上好的肥料，芝麻秆还是很好的燃料，就连民间俗语里都有“芝麻开花节节高”的吉利话。

芝麻
Sesame

别　名：脂麻、胡麻、乌麻等
类　别：芝麻科芝麻属
起 源 地：南亚（印度）、西非等
盛 产 地：印度、中国、苏丹、缅甸等

芝麻的果实是四棱状的，酷似一个个四棱形胶囊。果实成熟后会从顶端开裂成两半，露出里面的种子——芝麻粒。

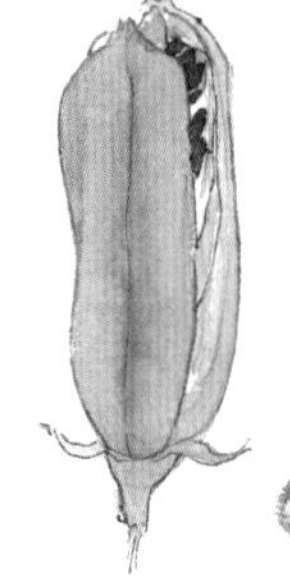

黑芝麻和白芝麻只是颜色不同，营养价值差不多。

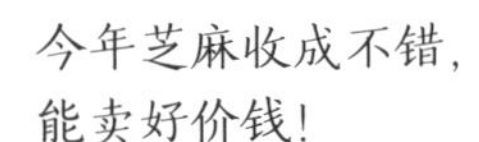

1

芝麻是世界上最古老的油料作物之一。关于它的起源，科学家们至今还没有统一的认识，大多认为芝麻可能的起源地包括非洲西部热带地区、巽（xùn）他群岛、印度次大陆等地。人们在这些地方发现了许多野生芝麻，还有一些炭化的芝麻种子。

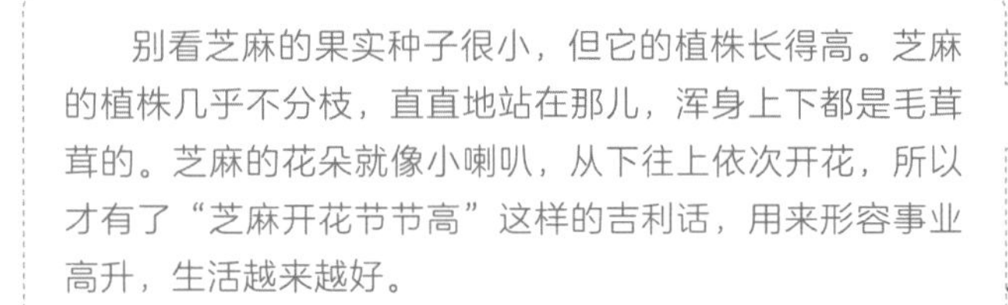

别看芝麻的果实种子很小，但它的植株长得高。芝麻的植株几乎不分枝，直直地站在那儿，浑身上下都是毛茸茸的。芝麻的花朵就像小喇叭，从下往上依次开花，所以才有了“芝麻开花节节高”这样的吉利话，用来形容事业高升，生活越来越好。

2

芝麻传入中国，应该是得益于丝绸之路。自张骞出使西域，沟通了中国同西亚和欧洲的商贸之路后，大量物种便开始传播开来。在芝麻进入中国以前，已经有近 3000 年的历史了。

4

你知道吗？在古时候，有些地方的人们还曾把芝麻炒熟了当主食吃。大约在公元 6 世纪前后，这种饮食方式才逐渐淡出了中国人的餐桌，原因是榨油技术的进步，让人们发现了芝麻有更大的利用价值。

3

芝麻虽然不是原产于中国，但中国古代历史上很早便用文字记载下了芝麻，东汉末年经学家刘熙曾明确记载了“胡饼”这种食物。所谓胡饼，就是从西域传来的饼，上面撒了芝麻，在当时非常流行，连汉灵帝都很喜欢吃，后来演变成了如今的芝麻烧饼。

5

正是芝麻引发了中国古代第一次榨油变革。唐宋以后，炒熟后再榨油的技术变革让芝麻的出油率大大增加，远超过其他油料作物。原本的名字“胡麻”逐渐变成了“油麻”“脂麻”，也许这正是如今“芝麻”名称的由来。

6

芝麻有黑、白两种。这两种芝麻在日常食品中经常能见到，其中白芝麻更多地被用来榨油，黑芝麻被当作滋补佳品。不过，芝麻整粒儿地吃并不太好，因为芝麻的外壳有层硬膜，只有把它碾碎了才能更好地吸收营养。

7

芝麻不仅被用于榨油，加工成芝麻糊、芝麻酱，做成芝麻烧饼、芝麻汤圆等各种美味小吃，而且它的叶子也能吃。在我国黄河流域，当地人经常把鲜嫩的芝麻叶用来凉拌、烙饼、做芝麻叶面条，甚至被当成蔬菜来食用。这些芝麻做成的美食，你都吃过吗？

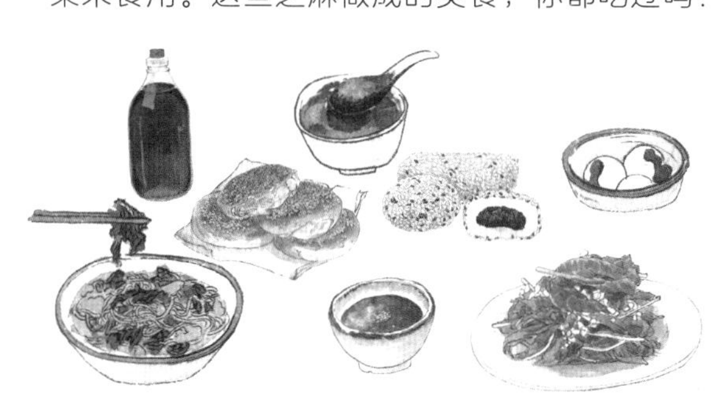

向日葵

向阳而生

向日葵又名朝阳花，因为花朵朝向太阳生长而得名。夏日阳光下盛开的向日葵，散发着温暖与热情的气息，金黄色的花盘非常像天上的太阳，香喷喷的葵花子不仅是我们生活中的一种美味零食，还可以用来榨成葵花子油烹饪食物。

花盘盛开前，因为生长素的原因，它的茎和叶会随着太阳的东升西落而调整生长方向。

向日葵
Sunflower

别　名：葵花、太阳花
类　别：菊科向日葵属
起源地：北美洲
盛产地：俄罗斯、阿根廷、美国

1

向日葵属于植物中的第一大家族——菊科，原本生长在北美洲的西南部，当地的印第安原住民，在至少 5000 年前就驯化了野生向日葵。今天在秘鲁和墨西哥西北部还有成片的野生向日葵。

2

16 世纪初登陆北美洲的西班牙探险者，看上了向日葵的灿烂花朵，将其带回本土，种在西班牙的马德里植物园作为花卉来观赏，之后逐步传播到其他欧洲国家。

3

明朝末年，向日葵由南亚传入我国南部地区，至今已有 400 多年的历史。一开始，它仅作为一种观赏和药用植物被零星种植。到清朝后，人们发现它的种子炒食后美味可口，于是在全国不断推广。

开花后，它就会停下来，不再继续随太阳转动了，这样既可以避免花朵被太阳灼晒，也可以吸引昆虫前来授粉。

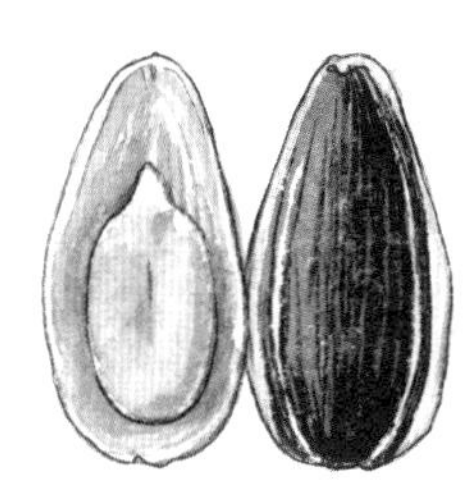

4

18 世纪初，英国人 A．布尼安首次成功地从向日葵种子中提取到油脂，向日葵逐渐被列入油料作物，栽培面积也不断扩大。

5

大约在同一时期，俄国的彼得大帝微服私访，跟随代表团前往西欧学习考察，来自世界各地的珍奇物产让这位年轻的沙皇大开眼界，其中就包括能榨油的葵花子。随后，向日葵在俄国被作为油料作物大面积种植，并不断培育出新品种。现在俄罗斯是世界上种植向日葵最多的国家之一，并把向日葵定为国花。

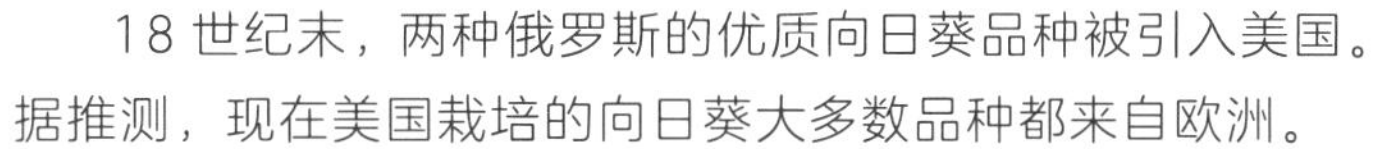

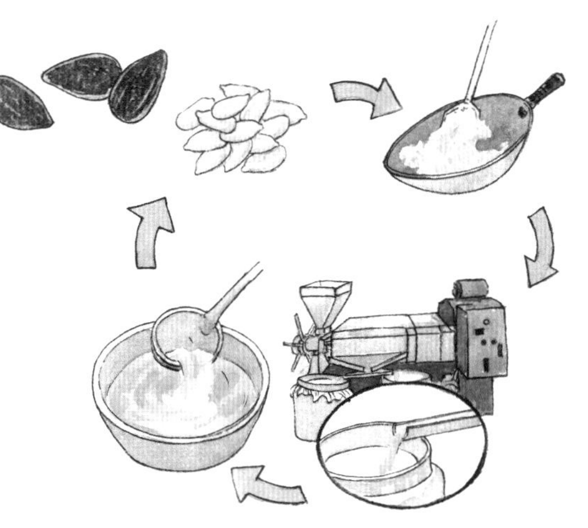

6

18 世纪末，两种俄罗斯的优质向日葵品种被引入美国。据推测，现在美国栽培的向日葵大多数品种都来自欧洲。

随着各国纷纷培育出地方良种，向日葵的花盘变大，果皮变薄变坚实，含油量也不断提高，成了更实用的作物。

7

就在向日葵的商业价值不断凸显时，一名终生都在与抑郁症斗争的法国艺术家文森特・梵高，在 1888 年创作了一系列和向日葵有关的画作，使向日葵化身为不朽的艺术形象。

8

由于向日葵耐旱、耐盐的特性，联合国粮农组织将其列为抗旱作物在世界干旱地区推广。20 世纪 50 年代以后，向日葵在世界各地被广泛推广，成为世界重要的油料作物。我国从苏联、匈牙利等国家引种了出油量高的向日葵后，作为油料作物的向日葵得到快速发展，现主要分布在内蒙古、黑龙江、吉林等地。

桑

为人类铺起丝路

桑是人类文明不可或缺的一部分，在服饰、经济等不同领域里都能看到它的身影。没有桑，也就没有丝绸之路。

桑
Mulberry

别　名：白桑
类　别：桑科桑属
起 源 地：东亚（中国）
盛 产 地：中国、印度等

桑树没有艳丽的花朵和芬芳的气味吸引动物为它授粉，不过雄性桑树有强大的弹射装置，其弹粉速度超过 200 米每秒，能让花粉散落到空气中，有些幸运的花粉落在雌花柱头上，从而孕育出新生命。人们也可以通过嫁接的方式来种桑树。

桑树的叶子不光可以喂蚕，还可以作为其他动物的饲料。它的果实桑葚营养丰富，美味可口，可以直接食用，也可以做成桑葚果干、桑葚果汁等。

2

说到桑，就必须说到一种叫作蚕的昆虫，桑与蚕之间的故事上演了几千年。桑叶富含蛋白质，能够为蚕提供丰富的营养。蚕只爱吃桑叶，变成了蛋白质的“储存器”。

1

一亿多年前，桑树在青藏高原雅鲁藏布江流域诞生了，直到今天，这里仍有许多野生桑树。在南迦巴瓦峰下，生活着一棵寿命长达 1600 多年的桑树。这棵桑树高 7.4 米，树干周长 13 米，需要十几个人才能把它抱住。整个树冠的占地面积有半亩地，据说有一年发洪水，有 100 多人躲在这棵树上避难。

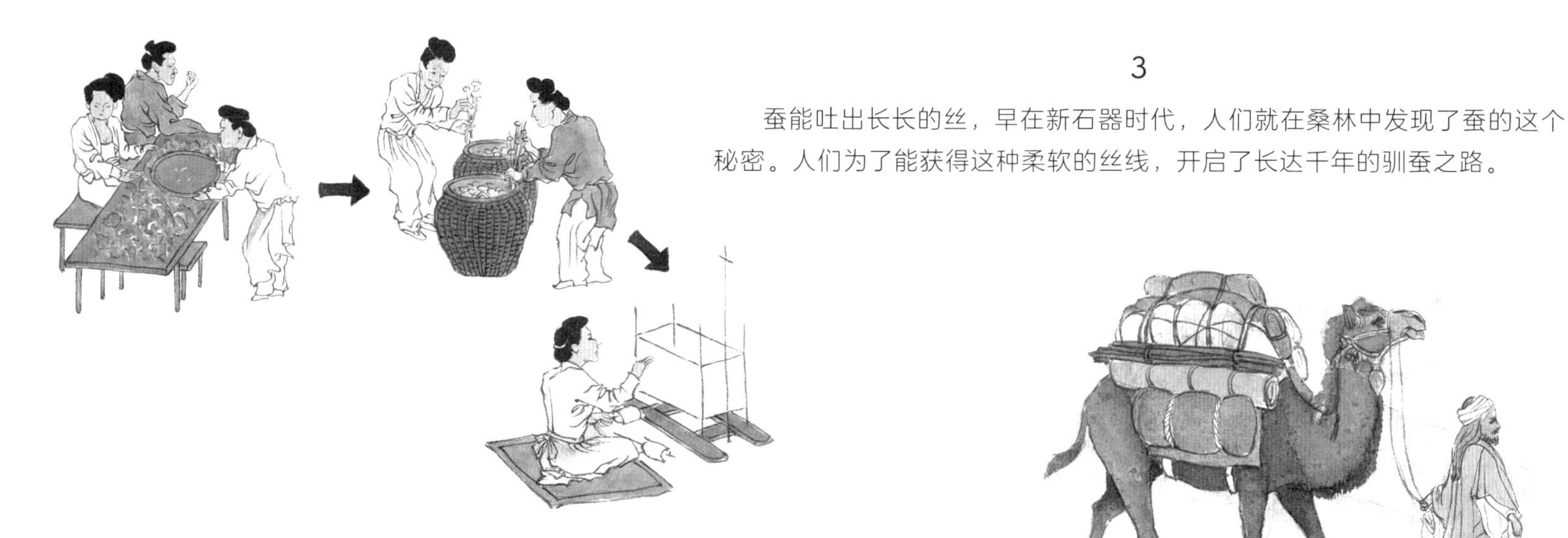

3

蚕能吐出长长的丝，早在新石器时代，人们就在桑林中发现了蚕的这个秘密。人们为了能获得这种柔软的丝线，开启了长达千年的驯蚕之路。

4

种桑养蚕成了中国人祖祖辈辈延续下来的本领。从森林中走出来的桑树，被人们不断地改良，创造了“地桑”这种栽培方式，使桑树越来越好，桑叶更嫩更可口。

5

早在 2000 多年前，桑树便遍布中国，中国是当时世界上桑树品种最多的国家。丝绸是中国的特产，作为东西贸易中的主角，开启了人类历史上大规模的商贸交流，著名的“丝绸之路”便是代表。

6

在古代中国，种桑养蚕是国家最高的商业机密之一，人们小心地守护着这个秘密。6 世纪，据说是两位僧人窃取了桑种和蚕种后，将其交给西方人，使桑和蚕传播到世界各地。

7

轻盈柔软的丝绸很受西方贵族的追捧。桑和蚕传入意大利后，美第奇家族逐渐垄断了西方的丝绸产业链，积累了大量财富。他们用这笔财富资助了很多文学家和艺术家，推动了文艺复兴。可以说，桑在人类文明史上功不可没。

棉花

植物中的羔羊

人们曾以为棉花是一种长在树上的羔羊。棉花的果实叫棉桃，它的种子能榨油，棉桃里包裹着种子的纤维就是棉花——用来纺线织布做衣服。棉桃能吃吗？能。但由于纤维太多，味道不好，像嚼树叶一样。注意，棉花糖虽然跟棉花外形上有些相似，但它们俩本质上可没有任何关系。

棉花
Cotton

别　名：草棉
类　别：锦葵科棉属
起源地：南亚（印度）、南美洲
盛产地：中国、印度、美国等

棉花的果实叫棉桃，棉桃成熟后会裂开，就能看到棉花了。

1

棉花有 4 种——草棉、亚洲棉、海岛棉和陆地棉，它们起源于不同的地方，人们很早就驯化了它们。其中，亚洲棉起源于印度，在印度河流域有着最完整的原始记录。在大约公元前 3000 年，这里的人们就开始种棉花。

2

公元前 4 世纪，亚历山大大帝东征时，大家穿的要么是笨拙的兽皮，要么是粗糙的亚麻，只有印度人穿着棉布。初次见到棉花的亚历山大军队非常惊讶，他们说棉花是长在树上的毛，是“植物中的羔羊”。

3

随着人们的交流，棉花和棉制品逐步传播开来。最开始，棉制品只在贵族间流传。罗马历史学家老普林尼曾这样描述棉花：“没有哪种丝线能像棉花那样洁白，没有哪种织物能像棉花如此柔顺。”

4

棉花很早就传入了中国边疆地区，但传入中原地区则很迟。公元 851 年，著名的阿拉伯旅行家苏莱曼在其著作《苏莱曼东游记》中记载，中国人还把棉花当作花园中的“花”来观赏。几百年后的宋元时期，棉花超过桑麻成为中国主要的衣物原料。

5

美洲是陆地棉的故乡。哥伦布在航海日记中记载，当他们到达美洲的一个岛屿时，当地人还把棉线团当礼物送给他们。有考古学家认为，古老的印第安人种棉花的历史至少可追溯到 5000 年以前。这种棉花的纤维更优质，在晚清时期被引入了中国。

6

哥伦布的航海大发现，使大量棉花和棉织物源源不断地被运往欧洲，这大大激发了欧洲人对棉质衣物的兴趣。为了满足人们对棉布日益增长的需求，1793 年，英国发明家伊莱·惠特尼发明了轧棉机，它能轻松地将棉花纤维剥离出来，大大提高了纺织工艺水平，也推动了 18 世纪的英国工业革命。

7

1873 年，李维斯公司首次为金矿工人生产蓝色棉质牛仔裤。那时美国“淘金热”正盛，这种便宜又好穿的裤子，把棉花的功能发挥得恰到好处。

8

棉花温暖透气、棉布柔软亲肤，即便今天有了很多人工合成的纤维，棉花在我们的生活中仍然十分重要。如今，中国是世界上最大的棉花产区。

甘蔗

糖料之王

从一日三餐到各种饮料、零食，糖用甘甜的滋味俘获了人类的味蕾，对糖的渴望仿佛被刻进了人类的基因里。甘蔗糖分多、水分多，因此被称作“糖水仓库”。全球大部分糖都出自甘蔗这种高高大大的奇妙植物，它改变了人类的饮食，影响了文明的进程。

甘蔗
Sugarcane

别　名：甜梗、薯蔗、糖蔗、果蔗等
类　别：禾本科甘蔗属
起源地：南亚（印度）、东南亚、大洋洲
盛产地：巴西、印度、中国

1

甜甜的糖让人上瘾，其中的高热量又给健康带来负担。只不过，这种幸福的烦恼是现代文明才有的。大自然中的糖十分稀缺，人们最初主要从蜂蜜、水果、谷物等食品中获取糖分，但量太少了。幸好还有甘蔗。

为了点儿蜂蜜，至于爬那么高吗？

甜菜也是一种富含糖的糖料作物。

2

科学家推测甘蔗可能起源于印度、印度尼西亚、新几内亚、南太平洋岛屿等地，这些地方光照充足、气候温暖，适合喜光喜热的甘蔗生长，现在也是甘蔗的主要生长地。

▼ 甘蔗主要生长地示意图

不同品种的甘蔗外观（粗细、颜色等）差异很大。一般认为，紫色的更甜，绿色的更香。

甘蔗没有种子，把甘蔗的茎秆切下，插到土地，就会生根发芽，长出甘蔗。

3

甘蔗的茎中储存着大量含糖汁液，这种糖分在化学上被称为蔗糖。据说印度人率先从甘蔗汁中提炼出了蔗糖，后来传到了中国。也有人说，中国人早在印度人之前就已经知道如何提取蔗糖了。

4

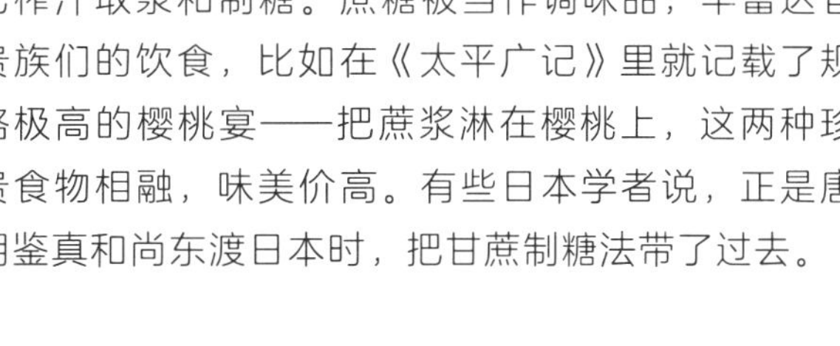

唐朝时期，虽然人们也生吃甘蔗，但更多是把它榨汁取浆和制糖。蔗糖被当作调味品，丰富达官贵族们的饮食，比如在《太平广记》里就记载了规格极高的樱桃宴——把蔗浆淋在樱桃上，这两种珍贵食物相融，味美价高。有些日本学者说，正是唐朝鉴真和尚东渡日本时，把甘蔗制糖法带了过去。

5

甘蔗是如何传到欧洲的呢？据说亚历山大大帝东征时，在印度发现了这种“甜甜的固体蜂蜜”。从那以后，只有极少量的甘蔗被商队带到欧洲，欧洲人过了很长一段难尝甜味的“苦”日子。直到 12 世纪，欧洲人才逐渐学会种植甘蔗和提炼蔗糖。可惜甘蔗并不适应欧洲气候，蔗糖仍很稀罕，这种情况直到大航海时代才真正发生了改变。

6

15 世纪中期，葡萄牙人率先在大西洋马德拉群岛上种甘蔗。1492 年，哥伦布误打误撞航行到了加勒比海一带，他敏锐地意识到当地环境适合甘蔗生长。第二年，哥伦布除了领来一支上千人的殖民船队，还带上了甘蔗幼苗。

7

继西班牙船队之后，英国、法国、荷兰等国也一起瓜分了加勒比地区的各个岛屿，大力发展制糖业。甘蔗的栽培、收割以及加工制糖，都需要高强度的劳动。殖民者们把目光盯向了非洲。在之后的 400 年间，数以千万计的黑人被卖到美洲进行劳动。

8

源源不断被运往欧洲的蔗糖，终于让甜味走进寻常百姓家，不再是贵族土豪们的专享了。人们喝茶要放糖，喝咖啡要放糖，做点心甚至做菜也要放糖……今天我们熟悉的各种西式糕点、糖果，几乎都是从那之后才出现的。

9

如今，全球平均每人每年要吃掉近 22 千克的糖，吃糖过量引发的龋齿、肥胖、高血压、心脏病也让人们烦恼不已。糖虽好吃，但一定不能多吃啊！

茶

神奇的东方树叶

100 多年前，英国作家托马斯·德·昆西说："茶是有魔力的水。"茶树看似是一种非常普通的植物，但将干燥的茶树的叶用热水冲泡后，却可以制造出一种奇妙的令人满足和平静的饮料。

茶
Tea/Cha

别　名：茗、阳芽等
类　别：山茶科山茶属
起 源 地：东亚（中国）
盛 产 地：中国、印度、斯里兰卡等

神农尝百草，日遇七十二毒，得荼（茶）而解之。

1

中国是茶的原产地和故乡，茶叶的历史超过了4500 年。传说是神农发现了茶叶的药性。他为了给大家治病，用自己的身体检测各种草药的药性，其间难免会遇上有毒的药草，多亏了茶才幸免于难。

2

后来人们又尝试用开水泡茶喝，但在唐朝以前，饮茶风气的形成和传播比较缓慢。到唐朝时，茶当药用的现象才少了，喝茶的人渐渐多了起来。茶叶也开始飘香万里，不仅边疆的少数民族纷纷骑马来中原地区换取茶叶，还流传到了邻近的朝鲜和日本。

晚唐的《唐人宫乐图》，反映了当时人们喝茶的情景。

唐朝陆羽的《茶经》，是世界上第一部关于茶的专著。

3

宋朝时，日本僧人荣西来杭州学习，发现参禅拜佛时喝茶可以提振精神，就带了一些种子回国，还把当时流行的点茶技艺（把茶叶磨成粉后放在碗里，加热水不断地击打，直到出现白色的浮沫）带回了日本。明清时期，日本的茶文化上升到了"道"，成为了一种艺术，一种哲学，富含禅意。

4

欧洲人喝茶，要追溯到 17 世纪初的大航海时代。中国福建省武夷山的红茶被荷兰商人带到了欧洲，引起了人们的关注，特别是英国人，饮用下午茶成了当时英国贵族的一种潮流。

5

1773 年，因为英国对茶叶的垄断，引起了美洲殖民地商人的共同抵制，抗议者们把从东印度公司运来的一整船茶叶倒入波士顿湾。这便是引发了美国独立战争的“波士顿倾茶事件”。

6

在英国，红茶在平民中渐渐普及开来，成了生活中不可或缺的一部分。为了回收由于向中国买茶而流失的大量白银，英国将在印度生产的毒品鸦片走私到中国，遭到抵制后，1840 年，英国向中国发动了“鸦片战争”。

7

战争也改变不了只有中国供给茶叶的现状，英国决定来中国偷走茶叶的核心技术。1851 年，“植物猎人”罗伯特・福琼偷偷从中国带走了约 2000 株茶树苗、1.7 万颗茶种和 8 名武夷山的制茶师傅，从上海出发前往印度。

8

之后，英国仅花了 20 年时间，就在印度生产出大吉岭、阿萨姆等品质上乘的红茶，与此同时，中国茶叶的地位不断下降。至今茶叶仍是印度、斯里兰卡重要的出口创汇农产品。如今，喝茶有益健康的理念已被广泛接受，全世界有 60 多个国家种茶，约 30 亿人口饮茶。这种神奇的东方树叶，经过了水与火、生与死的历练，正以红茶、绿茶、白茶、黑茶等多种形式滋润着越来越多人的身体与心灵。

咖啡

提神醒脑的全球饮料

咖啡在欧美国家非常流行，在中国和其他东方国家也越来越受到人们的欢迎，逐渐改变了人们的生活和习性。不过，咖啡喝多了会让人心跳加速，不容易入睡，儿童是不宜喝咖啡的。

咖啡
Coffee

别　名：无
类　别：茜草科咖啡属
起 源 地：东非（埃塞俄比亚）
盛 产 地：巴西、越南、印度尼西亚等

传说在 5 世纪时，有个叫卡迪的牧童无意中发现，他的羊吃了一种红色的小野果后变得异常兴奋，老山羊都像小山羊一样奔跑跳跃。他觉得奇怪，摘下一些果实品尝后，也变得兴奋起来，甚至整夜都睡不着觉。这种红果子就是咖啡。咖啡就这样被人发现，并在当地慢慢流行。

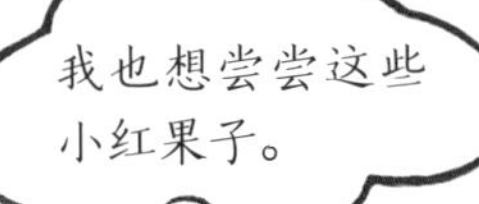

2

还有一种说法。传说一位叫奥玛的酋长，在流放途中，看到一只小鸟啄食路边的红果子，便也摘了一些煮水喝。结果发现小果子有一种奇妙的味道，喝了后困倦疲劳一扫而光。他回到自己的领地后，把这种果子（咖啡）在当地推广开来。

3

虽然咖啡究竟是如何被发现的尚无定论，但基本可以确定的是，咖啡的故乡在非洲东部的埃塞俄比亚。咖啡（coffee）的名字据说也来源于埃塞俄比亚的咖法地区（Caffa）。公元 6 世纪，埃塞俄比亚入侵阿拉伯半岛，据说当时的非洲士兵，随身携带咖啡，用来提神和增强战斗力。咖啡被传入阿拉伯半岛，并逐渐被人工种植。一开始，因为喝咖啡能提神醒脑，所以主要被用在宗教活动上，或者让病人饮用以恢复精神。

4

15 世纪，咖啡在阿拉伯半岛被大面积种植，咖啡贸易也活跃起来。土耳其人将咖啡豆晒干、焙炒、磨碎，再煮水来喝，由此形成了近代喝咖啡的基本形式。咖啡也不再局限于宗教场所，作为一种日常饮料在民间不断传播开来。

5

咖啡在阿拉伯地区的发展，还与中国明朝初年郑和下西洋有关。1405—1433 年，郑和船队多次造访波斯湾、阿拉伯海、红海沿岸的阿拉伯各国。中国人的茶叶、茶具和饮茶喜好给阿拉伯人以启示：原来提神的饮料也可以成为日常生活消费品。

6

16 世纪，咖啡文化开始向欧洲蔓延，这种“东方饮料”在欧洲的中上阶层中传播，被越来越多的欧洲人所熟悉、痴迷。在欧洲盛行咖啡的时候，英国和美国还是热衷于饮茶。“波士顿倾茶事件”之后，咖啡的销量直线上升，喝咖啡被看作支持独立的标志。

7

随着人们对咖啡日益增长的需求，欧洲人不再满足于从阿拉伯人手中购买高价的咖啡，纷纷在自己的殖民地种植咖啡。17 世纪前后，荷兰人和法国人分别在爪哇和马提尼克岛成功种植咖啡。一位巴西官员将马提尼克岛上的咖啡种子带回南美洲，不到一个世纪，巴西就成了世界上最大的咖啡生产地之一。

8

19 世纪晚期，咖啡传入中国，到民国时在一些城市中流行开来。现在咖啡受到越来越多人，尤其是上班族的欢迎。目前，中国的咖啡种植主要集中在云南、海南的部分地区。

9

如今，咖啡已经风靡全球，成了许多人生活中离不开的提神饮料。除了“咖啡大国”巴西，古巴、墨西哥、越南、印度尼西亚、埃塞俄比亚等国也是重要的咖啡生产国。

可可

巧克力的“妈妈”

500 年来的文明碰撞，让可可随着人类的脚步来到世界各地。它的模样，也从最初美洲丛林中的土著饮品，变成了如今人见人爱的巧克力。在传播过程中，与其他许多食物一样，可可对于人类的意义，早已超越了食物本身。

可可
Cocoa

别　　名：无
类　　别：梧桐科可可属
起 源 地：南美洲
盛 产 地：科特迪瓦、加纳、印度尼西亚、巴西

可可果实呈长椭圆形，长约 30 厘米，成熟后外壳呈红色、橙色、黄色或紫色。

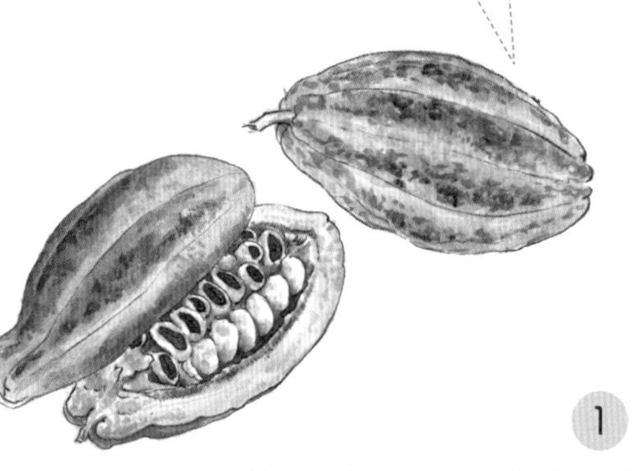

将果实切开，就能看到种子了，一个可可果里约有 30~50 粒可可豆。

可可的果实紧紧地贴在树干和主枝上。

1

16 世纪初，一支西班牙探险队来到美洲中部，一路风餐露宿，队员们个个累得筋疲力尽，无精打采……正在这时，友善的印第安人前来，给他们喝了一种有点苦，但还有一股浓烈香味的饮料。队员们喝了以后，体力很快就恢复了。

2

这种“神的食物”就是可可，是现在制作巧克力的主要原料，可以说可可是巧克力的“妈妈”。可可的故乡在南美洲北部的热带雨林地区，在今天的委内瑞拉和哥伦比亚，还能找到野生的可可树。印第安人对野生可可的食用有上万年的历史，对可可的人工栽培和驯化也有至少 2000 年的历史了。

玛雅语中的“可可”

3

玛雅人是古代印第安人的一支，在玛雅文明发展的时期，可可地位逐步上升，被广泛应用。可可不仅是玛雅文明的重要组成部分，还被用来作为货币和计数工具。为了便于栽培和管理，公元 7 世纪，玛雅人在中美洲开辟建立了可可种植园。

4

13 世纪，墨西哥阿兹特克人征服了玛雅人，并强迫玛雅人用可可豆向他们纳税。可可豆被当作货币使用，比如，4 粒可可豆可换 1 个成熟的南瓜，10 粒可换 1 只兔子。100 粒可可豆可买 1 个奴隶，这仅仅相当于花费 2 个可可果而已。

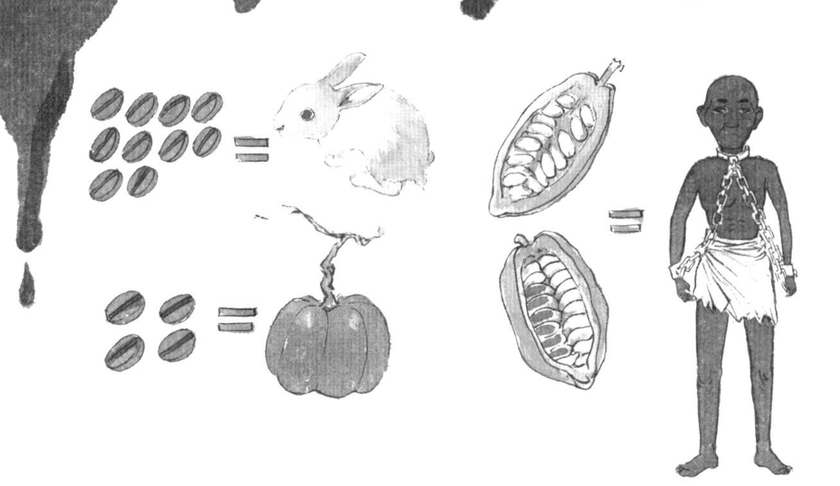

5

1502 年，哥伦布作为第一个欧洲人在尼加拉瓜尝到了可可饮料，但是，这种口味独特的饮料没有引起他多少好感。1519 年，征服阿兹特克帝国的西班牙殖民者科尔特斯，在品尝到阿兹特克人做的可可饮料后念念不忘。后来，他将这种饮料传入欧洲，并在墨西哥大范围种植可可，用可可豆购买奴隶和食物。

6

最初，欧洲人对美洲人在可可粉里加入辣椒、香草、玉米等这种“暗黑可可食用法”简直无法接受。16 世纪末，西班牙殖民者改变了食用方式，他们在可可粉里加入牛奶和糖，抵消了可可自然的苦味，“巧克力”（chocolate）这个词也是在这一时期出现的。

7

西欧人在传播和扩大可可消费的同时，为了确保原料供应，也有意识地传播和扩大可可的种植。非洲“近水楼台先得月”，成为可可种植冲出美洲热带雨林和加勒比海诸岛后的第一站，可可在这里大放异彩。现在全世界约 70% 的可可都产自非洲西部。

8

进入 18、19 世纪后，随着现代食品加工业的不断发展，固体巧克力出现，巧克力的配方及制作工艺不断得到改进。就这样，巧克力华丽转身，从苦辣的饮料变成了美味可口的甜点，还成为了一种快速补充能量的“神器”。可能跟中国人已有本土茶饮料，以及不断增多的咖啡消费有关，中国人很少像西方人那样喝巧克力热饮料，主要吃固体的巧克力糖果。

受气候等条件制约，可可在中国的种植范围很小。1922 年，可可传入中国台湾省。近几十年来，中国人巧克力糖果的消费逐渐增多，因此可可豆的消费也与日俱增。

蔬菜中的“和事佬”

自古以来，葱就被认为是一种对身体有益的蔬菜，常吃葱能够健脾开胃，增进食欲。葱还是一种做菜常用的作料，不仅可以提升食物的口感，还能去除膻味和腥味，因此被称为蔬菜中的“和事佬”。

葱
Welsh onion

别　　名：青葱、和事草等
类　　别：石蒜科葱属
起 源 地：中亚、东亚（中国）
盛 产 地：中国、印度等

小葱的叶子细长，口感较温和，可以凉拌，比如做小葱拌豆腐。

葱白部分富含具有杀菌作用的烯丙基硫醚，大葱的刺激性气味就是它产生的。

大葱的食用部位是葱白（叶鞘组成的肥大假茎）和葱叶。

我不是草，
我是葱。

1

葱原产于中亚和中国西部，是野生葱经过长期人工驯化和选择而来的。葱的历史很悠久，据说公元前就开始被人类种植了，后来葱传到了亚洲各个地区。

2

中国葱的栽培历史悠久，传说葱是在神农尝百草时被发现的，最早关于葱的记载是在2000多年前的《山海经》。明朝李时珍的《本草纲目》里说葱可以调和各种菜肴，就像和事佬一样，所以又称“和事”。

3

葱遍及全国，深受北方人尤其是山东人的喜爱。在山东，葱在平原山村随处可见，品种多样，甜辣适中的章丘大葱更是驰名中外。

4

无论过去还是现在，葱一直是我们日常饮食中常见的调味品和食材。葱的根还可以做药材，当身体出现感冒症状时，用葱根煎水喝，发发汗，能起到一定的缓解作用。

蒜

天然抗生素

蒜是一种很常见的调味品，具有悠久的栽培历史。蒜杀菌和强身健体的功效早被人们所知，因此它被人们称为“天然抗生素”，并成为一种世界性的民间草药。

蒜
Garlic

别　名：蒜头、胡蒜等
类　别：石蒜科葱属
起 源 地：西亚、欧洲（地中海沿岸）、北非
盛 产 地：中国、印度、罗马尼亚等

蒜的花轴又叫蒜薹，炒着吃味道不错。

蒜带有浓烈的辛辣味，这种味道来自其自身含有的一种植物杀菌素。

1

蒜的起源地在西亚到地中海沿岸地区。相传早在5000多年以前，人们就开始吃蒜了。4000多年前古埃及建造巨大的金字塔时，给劳动者食用的强壮剂里除了洋葱，还有蒜。

3

被传入西欧后的蒜，其强烈味道在防治鼠疫等疾病方面有较强的药效，人们将其视为万能药。当然，蒜具有杀菌功效不假，但并非能包治百病。蒜在16世纪才传入美洲，19世纪后期传入美国，后来在非洲各国也慢慢得到了普及。

2

古希腊人认为蒜头可以提供超自然的保护，后来的欧洲民间传说中普遍认为蒜头可以阻止狼人和吸血鬼靠近。英国作家布莱姆·斯托克写的恐怖小说《德古拉》，主角吸血鬼德古拉伯爵非常讨厌的东西之一就是蒜，这个设定的灵感应该就是古希腊时期以来人们对蒜的遐想。

天哪！我最讨厌阳光，还有蒜！

4

蒜很早就传入东方，在中国的栽培历史有2000多年。汉代时，蒜通过丝绸之路从中亚地区传到中国。很多古代的科学家和医生都曾对蒜的医疗价值做过论述。据史书记载，远在三国时代，名医华佗就曾用蒜给病人治过病。

5

蒜传入中国以来，这种辛辣刺激、回味悠长的食物迅速融入中国兼容并包的饮食文化当中，与葱、姜并列，深受北方人的喜爱。其中山东人不仅爱葱，还“嗜蒜如命”，擅长种蒜，蒜成了山东一些地方重要的经济作物。

姜

菜中之祖

老话说，“冬吃萝卜夏吃姜，不用医生开药方”。从古至今，被称为“菜中之祖”的姜，除了同葱、蒜一样是中国人厨房里不可或缺的调味品，还是一种常出现在中药配方里的中药。

姜

Ginger

别　　名： 生姜、川姜等

类　　别： 姜科姜属

起 源 地： 东亚（中国）、南亚（印度）

盛 产 地： 中国、印度等

姜黄和姜长得很像，切开里面是鲜艳的橙黄色，给咖喱带来黄色和微苦香味的正是姜黄。

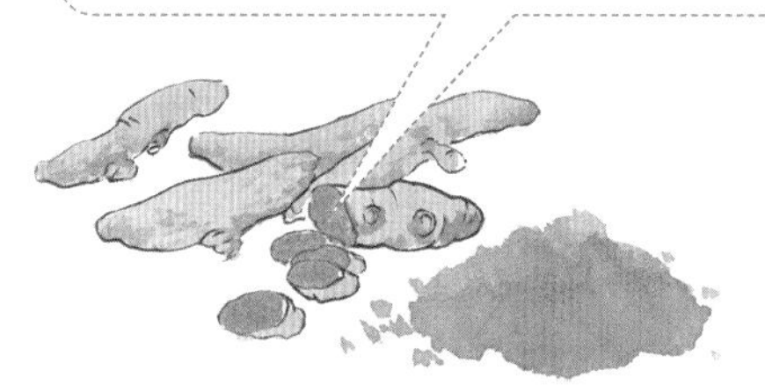

1

相传，姜是被神农发现并命名的。一次，神农氏到山上尝百草时，不小心吃了一种有毒的植物，肚子疼得像刀割一样，最后是姜这种植物救了他。因为神农姓姜，他就给这种植物取名“生姜”，意思是使自己起死回生。

2

上面说的故事当然是传说了，一般认为姜的起源地在中国或印度。姜在我国的栽培历史很悠久，因为姜可以去除腥味和膻味，很早以前它就是厨房中的调味佳品了。2000 多年前的孔子说“不撤姜食”，意思就是每顿饭都要有姜相伴。

3

除了做调味品外，姜还是一种重要的中药材。早在汉朝时，文献中就有利用姜驱寒、暖胃和加速血液循环等功能来治病的记录。医圣张仲景的《伤寒杂病论》中，有姜的药方将近一半，可见姜在当时的中医里有多重要。

4

大约在公元 1 世纪，姜由阿拉伯人从印度带入欧洲，但并未引起太大关注。13 世纪，阿拉伯人将姜传入东非，而西非则是 16 世纪后由葡萄牙人传入的。哥伦布发现新大陆后，姜来到了美洲。当姜冲出亚洲走向欧洲时，欧洲的厨房已经被胡椒等作料霸占了。所以在西方厨师手中，姜没有与鱼、猪肉等为伍，而是被做成了姜饼、姜糖和姜汁啤酒。

八角

中餐味道

八角也叫八角茴香，到了我国北方后有了一个全新的名字——大料。八角味道甘甜、香味浓郁，是一种常用的调味品，在中国菜肴里频频出现，早已深入人心。

想要采摘八角可不容易，因为它们都生长在离地面十多米的树干上。

八角因长有八个星状的角而得名；又因香味和来自西亚、地中海地区的茴香相似，所以又叫八角茴香。

八角
Star anise

别　名：大料、大茴香、八角茴香
类　别：木兰科八角属
起源地：东亚（中国）、东南亚
盛产地：中国、日本、印度等

1

八角的老家应在中国南方或东印度群岛，在中国被食用已有 3000 多年，算得上中国人最喜欢的作料之一。经过长期的人工栽培和选育，今天的八角香甜可口，味道浓郁。文学家鲁迅先生在小说《孔乙己》中说孔乙己喝酒吃的“茴香豆”，就是加了八角和茴香（伞形科茴香属植物，嫩叶可作蔬菜使用）煮的蚕豆。

这是什么啊，这么香？

2

八角是怎么传到欧洲的？有种说法是 1588 年英国航海家、冒险家托马斯・卡文迪什从菲律宾将八角带到了英国。但也可能是更早通过我国西南的茶马古道传过去；或者从俄罗斯中间商手中买的，为此有人还给八角起了个“西伯利亚豆蔻”的名字。

4

印度人喝茶喜欢在里面加入牛奶、糖以及包括八角在内的各种调料。而在东南亚菜系里，比如越南牛肉河粉、马来西亚的肉骨茶等，也常常有八角的身影。

3

对于西方人来说，八角香味的诱惑在某种程度上就是中餐味道的代名词。而在西餐中，西方人认为八角适合和甜味食物搭配，它美丽的外形也成为西点的装饰品。

5

在美食大国中国的诸多菜系中，八角都是不可或缺的作料，传统经典调料“五香粉”中，八角所占比例最大。现在，中国是八角最重要的生产国，占世界八角出口总额的 80% 以上，其中广西、广东、云南等地出产的八角质量最佳。

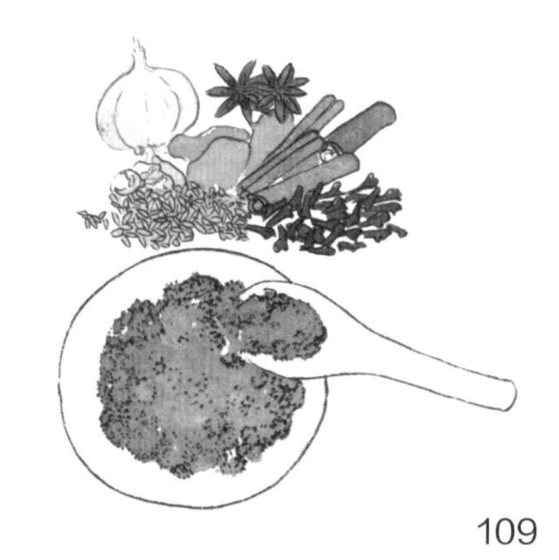

花椒

辣与麻的味道

花椒也是一种日常生活中常用到的调味品，不仅能起到去腥的作用，还能带来麻与辣的味道。麻与辣其实都是植物的化学防御，然而喜欢挑战的人类，会沉浸其中并欲罢不能。

Chinese red pepper

别　名：川椒、蜀椒

类　别：芸香科花椒属

起源地：东亚（中国）

盛产地：中国、日本、韩国等

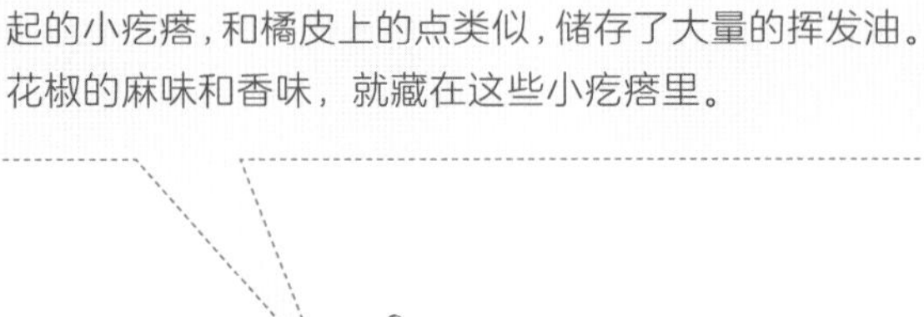

1

现在常说的花椒是一种原产自我国的香料植物，花椒属植物在世界范围内超过 200 种，分布在非洲、亚洲和美洲的热带与亚热带地区。只有在东亚的几种花椒被我们的祖先选择并栽培，成为饮食文化中的一部分。

2

虽然花椒在中国已有 2000 多年的历史，但最初花椒并不被用在饮食上，而是被用在祭祀仪式和一些墓葬中。屈原在《楚辞 · 九歌》中说“奠桂酒兮椒浆”，就是说用酒浸泡花椒制成椒浆，用来祭祀祖先与天神。

3

花椒在 2000 多年前的一些先秦文献中多次出现，“椒”常作为美好的事物被赞颂。比如《诗经》里就有“视尔如荍，贻我握椒”，赞美了美好的爱情。因为花椒多子，汉朝人还把皇后住的宫殿称为“椒房”，寄托了多子吉祥的美好愿望。

4

花椒被用作调味品大约是从 1500 多年前的南北朝开始的，到唐宋以后，花椒作为调味品用于烹饪变得越来越普遍。花椒逐渐在我国被广泛栽培，成了典型的中国香料植物。如今川菜盛行，花椒的香味和麻味早已飘满神州大地。

胡椒

改变世界的调料

胡椒
Pepper

别　名：无
类　别：胡椒科胡椒属
起源地：南亚（印度）
盛产地：印度、越南、印度尼西亚等

胡椒，被很多人称为改变世界的果实。世界上的很多历史事件或多或少都与它有着千丝万缕的联系。那么，胡椒究竟有什么魔力，一次又一次地影响了历史的进程呢？

胡椒是一种热带藤蔓植物，攀援的藤蔓会结出大量胡椒果实。

还未成熟的青胡椒果实连皮一起晒干后，就是黑胡椒。

采下完全成熟的胡椒，去皮、晒干后就成了白胡椒。

1

胡椒的原产地以及最大的生产地在印度西岸的马拉巴尔。约公元前9世纪，胡椒的名字就已经出现在了当时印度的婆罗门经文中。公元前3世纪，印度著名史诗《罗摩衍那》中也记载了“用盐和胡椒吃食物”。

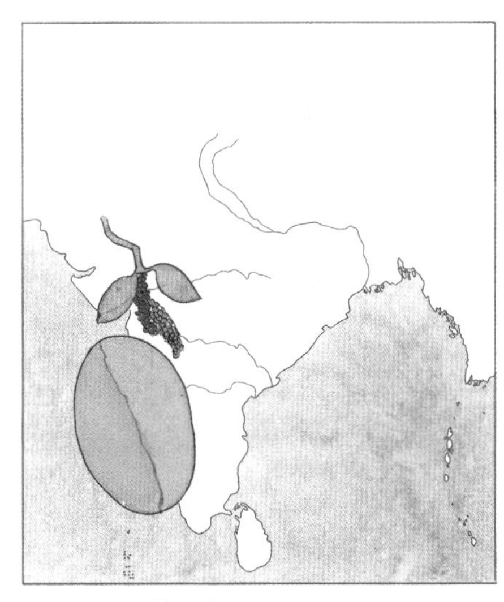

▲ 胡椒原产地示意图

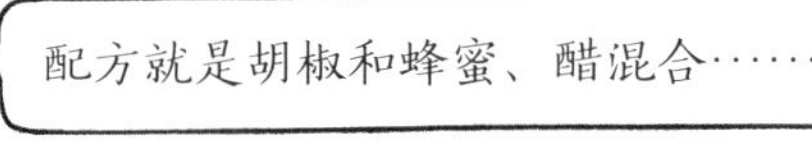

2

欧洲人认识胡椒可以追溯到公元前300多年，古希腊的亚历山大大帝远征印度，返回时把胡椒带回了欧洲。不过，胡椒在传入欧洲后，起初并没有被作为调味品。公元前5世纪，古希腊医学家希波克拉底把胡椒称为“药物之父”，肯定了它的药用价值。

3

到了古罗马时期，胡椒深受古罗马人偏爱。不过，胡椒显然不适合在古罗马这种不太暖和的地方生长，当时拥有庞大数量的胡椒还被看作权力和财富的象征。

现存年代最久远的古罗马烹饪书籍《论烹饪》，一共收录了大约500种食谱，其中就有482种要用到胡椒。

4

获得廉价的胡椒，成了欧洲人寻找东方新通道的重要原因。1492年，哥伦布寻找传说中通往中国和东印度群岛的捷径，结果歪打正着发现了美洲。1498年，达·伽马历尽艰难险阻到达了胡椒原产地印度，运回了大量胡椒，为葡萄牙王室带来了巨额利润，是航海费用的60倍！

5

相比之下，中国获得胡椒要更方便一些。相传胡椒在张骞出使西域时就被带回中国，胡椒的名字也因此而来。胡椒在唐朝时还很昂贵，但中国调味品种类庞杂，再加上明朝时胡椒在南方一些地方被引种成功，使得它在中国比在欧洲更大众化。

16世纪50年代，来自中国的胡椒商人在爪哇岛称重售卖黑胡椒。

参考资料

一、图书

1. 曹玲 . 美洲粮食作物的传入、传播及其影响研究 [M]. 南京：南京农业大学出版社，2003.6.
2. [英] 威尔 · 马斯格雷夫 著，董晓黎 译 . 改变世界的植物 [M]. 太原：希望出版社，2005.1.
3. [日] 21 世纪研究会 编，林郁芯 译 . 食物的世界地图 [M]. 北京：中国人民大学出版社，2008.8.
4. 游修龄，曾雄生 . 中国稻作文化史 [M]. 上海：上海人民出版社，2010.4.
5. 何红中，惠富平 . 中国古代粟作史 [M]. 北京：中国农业科技出版社，2015.1.
6. [英] 比尔 · 劳斯 著，高萍 译 . 改变世界历史进程的 50 种植物 [M]. 青岛：青岛出版社，2015.8.
7. 许晖 . 植物在丝绸的路上穿行 [M]. 青岛：青岛出版社，2016.10.
8. 罗桂环 . 中国栽培植物源流考 [M]. 广州：广东人民出版社，2017.9.
9. [英] 彼得 · 布拉克本 - 梅兹 著，王晨 译 . 水果：一部图文史 [M]. 北京：商务印书馆，2017.11.
10. 曾雄生 . 中国稻史研究 [M]. 北京：中国农业出版社，2018.5.
11. [日] 宫崎正胜 著，安可 译 . 味的世界史 [M]. 北京：文化发展出版社，2018.10.
12. [日] 稻垣荣洋 著，宋刚 译，出离 绘 . 撼动世界史的植物 [M]. 南宁：接力出版社，2019.9.
13. 《影响世界的中国植物》主创团队 . 影响世界的中国植物 [M]. 成都：四川科技出版社，2019.10.
14. [英] 约翰 · 沃伦 著，陈莹婷 译 . 餐桌植物简史：蔬果、谷物和香料的栽培与演变 [M]. 北京：商务印书馆，2019.11.
15. [英] 菲利普 · 费尔南多 - 阿梅斯托 著，韩良忆 译 . 吃：食物如何改变我们人类和全球历史 [M]. 北京：中信出版社，2020.1.
16. 林江 . 食物简史：浓缩在 100 种食物里的人类简史 [M]. 北京：中信出版社，2020.3.
17. 史军 . 水果史话 [M]. 北京：中信出版社，2020.5.
18. 苏生文，赵爽 . 人文草木：16 种植物的起源、驯化与崇拜 [M]. 天津：天津人民出版社，2020.6.
19. 史军 . 植物塑造的人类史 [M]. 北京：现代出版社，2021.4.
20. [美] 罗伯特 · N. 斯宾格勒三世 . 沙漠与餐桌：食物在丝绸之路上的起源 [M]. 社科文献出版社，2021.11.

二、论文

1. 吴德邻 . 姜的起源初探 [J]. 农业考古，1985（2）.
2. 王连铮 . 大豆的起源演化和传播 [J]. 大豆科学，1985（2）.
3. 冬屏亚 . 玉米的起源、传播和分布 [J]. 农业考古，1986（1）.

4. 李育农 . 世界苹果属植物的起源演化研究新进展 [J]. 果树科学，1999（16）.
5. 曾京京 . 我国花椒的栽培起源和地理分布 [J]. 中国农史，2000（4）.
6. 曹亚萍 . 小麦的起源、进化与中国小麦遗传资源 [J]. 小麦研究，2008，29（3）.
7. 陈刚 . 葡萄、葡萄酒的起源及传入新疆的时代与路线 [J]. 古今农业，2009（1）.
8. 张箭 . 可可的起源、发展与传播初探 [J]. 经济社会史评论，2012（1）.
9. 杨弦章 . 番薯——改写历史的生命之薯 [J]. 中国国家地理，2012（7）.
10. 宛磊 . 菠菜和茉莉两种植物的来源考 [J]. 信阳农林学院学报，2014（9）.
11. 赵志军 . 小麦传入中国的研究——植物考古资料 [J]. 南方文物，2015（3）.
12. 李昕升 . 南瓜的起源中心与早期利用 [J]. 大众考古，2016（3）.
13. 张慧娜，等 . 西瓜起源与演化研究进展 [J] 中国农学通报，2016，32（35）.
14. 陈桂权 . 土豆的接受史 [J]. 金融博览，2017（7）.
15. 肖瑜，等 . 番茄发展传播史初探 [J]. 中国蔬菜，2017（12）.
16. 程杰 . 我国黄瓜、丝瓜起源考 [J]. 南京师大学报（社会科学版），2018（2）.
17. 赵志军 . 南稻北粟——中国农业起源 [N]. 中国社会科学报，2019-6-14.
18. 刘小方 . 辣眼睛的洋葱旅行记 . 百科知识 [J].2020.（03B）.

三、其他资料

1. 史军 . 为餐桌而生的豌豆 . 物种日历 [EB/OL].2016-1-13.
2. 史军 . 菠菜炖豆腐，能吃不能吃 . 物种日历 [EB/OL].2016-6-11.
3. 史军 . 姜：不好好去做菜，怎么一到圣诞节就变成甜品了?.2016-12-25.
4. 阿蒙 . 烹饪、防腐、入药，无所不能的胡椒一度是财富的象征 . 物种日历 [EB/OL].2018-3-2.
5. 喵小黑 . 你吃的香蕉，是人类史上培育最艰难的水果之一 . 中国科普博览 [EB/OL].2019-5-7.

本书在创作过程中，曾参考如上资料（在创作每一个篇章时，均参考了大量珍贵资料，因篇幅有限，无法一一列出），特此致谢！

作物起源

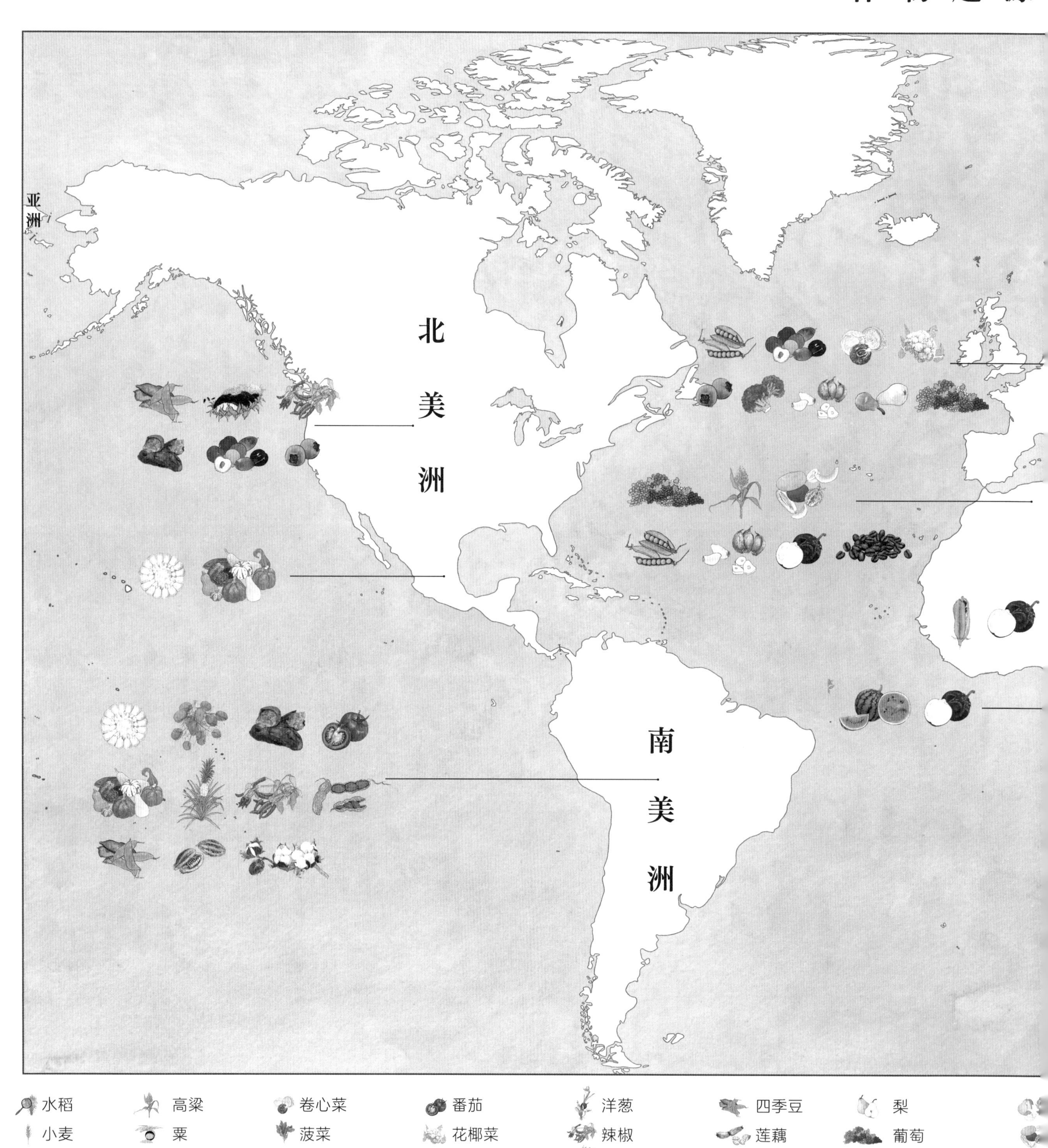

参考资料：国际热带农业研究中心（CIAT）2016 年发布的“农作物多个起源和主要分布地区图（Origins and primary regions of diversity of agricultural crops

分布示意图

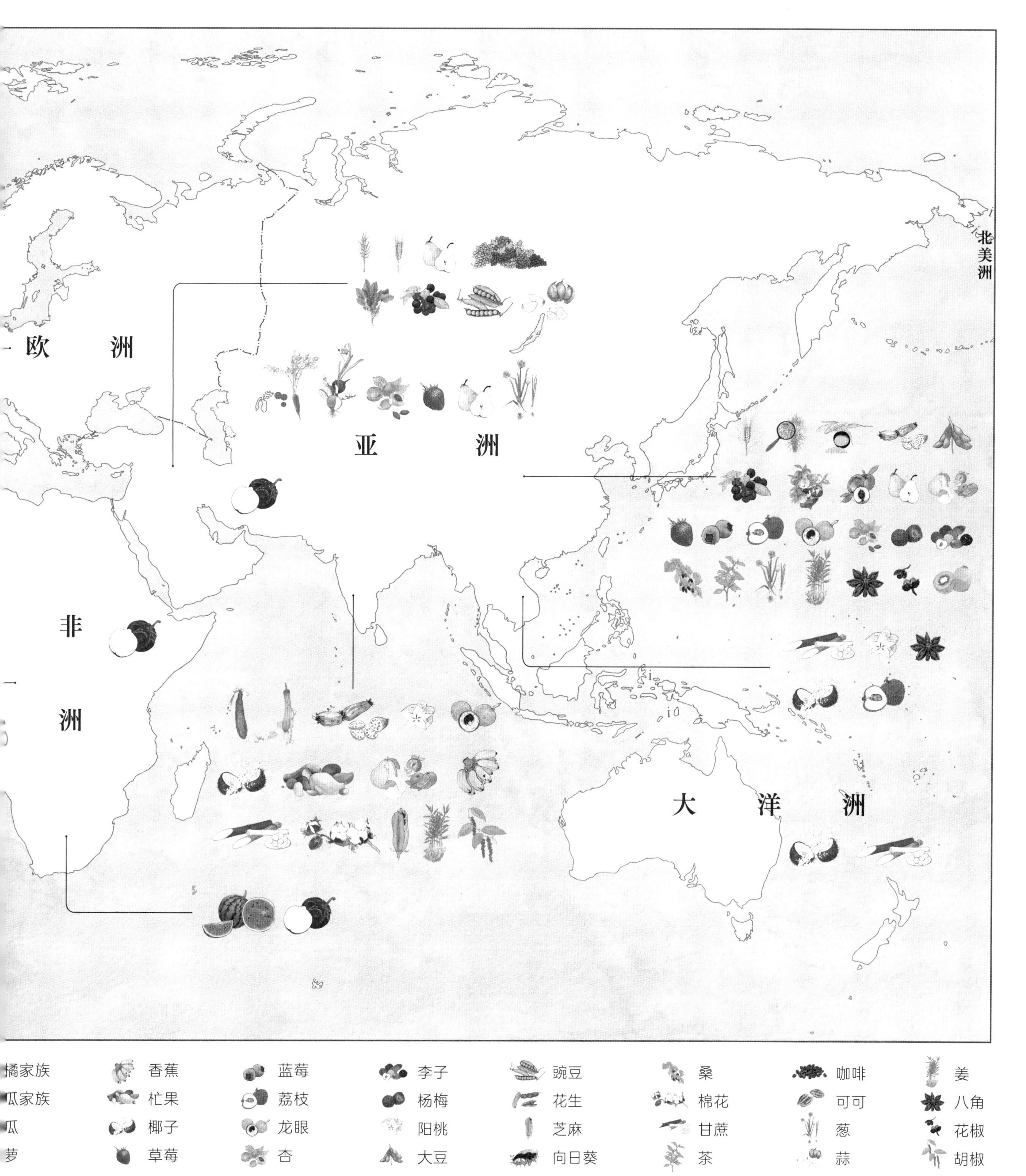

ps://blog.ciat.cgiar.org/origin-of-crops/，特此致谢！